与

心理

Psychology

咨询师

同行

宋兴川　著

SYCHOLOGY

厦门大学出版社　国家一级出版社
XIAMEN UNIVERSITY PRESS　全国百佳图书出版单位

图书在版编目(CIP)数据

与心理咨询师同行/宋兴川著.—厦门:厦门大学出版社,2020.8
ISBN 978-7-5615-7866-7

Ⅰ.①与… Ⅱ.①宋… Ⅲ.①心理咨询 Ⅳ.①B849.1

中国版本图书馆 CIP 数据核字(2020)第 158099 号

出 版 人	郑文礼
责任编辑	郑　丹

出版发行 厦门大学出版社

社　　址	厦门市软件园二期望海路 39 号
邮政编码	361008
总　　机	0592-2181111　0592-2181406(传真)
营销中心	0592-2184458　0592-2181365
网　　址	http://www.xmupress.com
邮　　箱	xmup@xmupress.com
印　　刷	厦门集大印刷厂

开本	720 mm×1 000 mm　1/16
印张	14.25
插页	2
字数	212 千字
版次	2020 年 8 月第 1 版
印次	2020 年 8 月第 1 次印刷
定价	48.00 元

厦门大学出版社
微信二维码

厦门大学出版社
微博二维码

序：我不是名人

我曾师从北京师范大学金盛华教授攻读博士、师从南开大学乐国安先生做博士后，他们都是心理学界尤其是社会心理学领域的名人。作为他俩的一个普通学生，我备感骄傲和自豪。

我博士毕业时，校长说过这样一句话："今天你们以母校为荣，明天母校将以你们为荣。"

听到这句话时，我非常激动，内心想：从今以后，我们就是北京师范大学的博士了，无论走到祖国哪里，人们都会对我们有无限的期待。作为百年名校，作为中国师范的最高学府，这是一个伟大的光环。同时"学为人师，

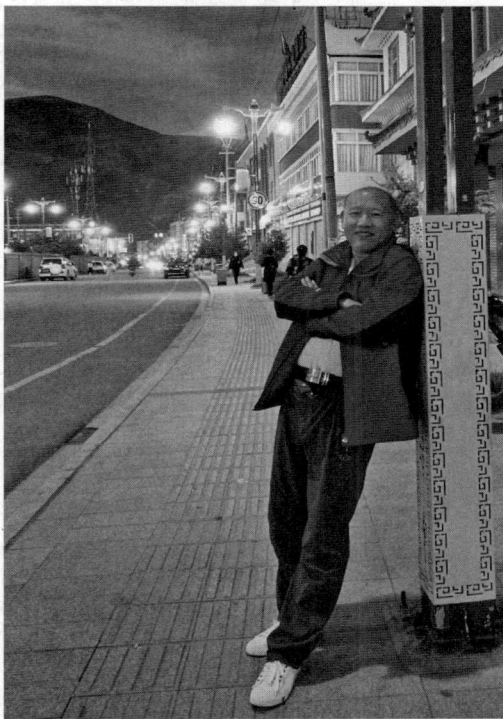

人生是旅行，人生也是修行。踏上西藏之行，想发现另一种人生。

1

行为世范"的校训又让北师大学子严于律己、勤于学业，积极用自己的"学"和"行"肩负起社会的责任，用自己的学业助人成长。

"我们曾是北师大的学子"，正是在这种信念的感召下，我们都是尽心尽责做社会的栋梁。

在生活中，我们可能是个凡人，但我们做事是以名人的标准要求、激励自己。我，就是这样生活和工作的，也是努力这样做人做事的。

在大学教学、科研和心理咨询中，我了解到许多人，尤其年轻人，他们经常和我探讨人生，分享他们生活的甘苦。他们在读大学前或工作前，都是忙着应试，从来没思考过生命、爱、幸福、快乐、苦难、健康以及死亡，对自己也缺乏深入的认识，不知道怎样与人沟通，如何维持良好的人际关系等。在做大学生心理咨询和治疗时，我深刻感受到学生的困惑和迷茫。

他们这许许多多的人生困扰，促使我关注并进行深入的思考。

人说：四十不惑，五十知天命。对这些人生问题的兴趣，也是处在我这个年龄段的天性了。不用说，我开始从自己亲历的人生变故中，用心地去探索这些话题。

当从思考到领悟时，我发现自己的内心强大了，心灵也由此获得了成长。我还发现，仅有对人生痛苦的思考以及豁然开朗的领悟是不够的，只有把它们写出来，那才表明你知其然而又知其所以然，才表明这些人生道理已经融化为你的血肉，成为你真正的智慧。为此，我开始抽出一定的时间，以一个咨询师的视角坚持写下这些人生的领悟。如果思考是渴望成长，那么写下来的目的是更好地让自己成长。当我把这些写好的文章与别人分享时，他们都希望这些文章能发表或结集出版，以便拥有这些文章，潜心阅读，这样也能让更多的人从中获益。

我认为，这是我一个北京师范大学学子义不容辞的义务。同时，有了他们的鼓励和肯定，我不仅体会到一种自豪，更感受到一份责任。从此，我就开始了教学、科研之外的另一项艰巨而神圣的工作——写作。

人生就是一场旅行，凡是我经历的事，别人也会遇到；凡是感动我的事，也会感动别人。毕竟人在旅途，其人生的轨迹是相同的，人们都是在满足生存与发展需要，都是在追求成功、自由、尊严、幸福、财富、声望、地位等。

无论如何，只要触动我内心的，都是召唤我写下去的冲动。因为，我认为凡是我生命中让我感动的问题，我都有责任去记载下来。为此，我怀着一腔热忱，虔诚地把它放到我心中。

正是基于这样一个思路——倾听生命的呼唤，在多少个不眠之夜，我深入内心，与自我对话。积极向社会学习，主动听别人讲故事，我努力向书本学习，思索让我心动的东西，我还回溯过去，在认识自我中寻找关于人生存在的意义。

这些灵魂深处放飞的歌已经在天空飘荡，那么只要你听到，或内心感受到，我想你会沿着心与心的交流方式，听从生命的召唤，触摸我思想的呢喃，聆听我心底生命之河的欢唱。

这就是我写的书。

我想，只要你静心阅读了，我敢肯定，书中的文字一定会唤醒你沉睡的心，召唤你迷失的自我，帮助你寻找到真实的自我，让你有久违的"我被接纳了"的存在感，以及由此而领悟并践行自己责任的使命感。

这是一本平凡人写的关于平凡故事的书，我并非刻意去追求成名，但我敢大胆说，这是一部能走进读者内心的书，它不是在书桌前，它是行走在人生经历中。情随心动，感从情发。

我想让读过它的人，记住我！

我想告诉你，原来我们是无话不说的知音！

是为序。

在成书的过程中，感谢潘思兴、严铜军、张东升、赵欣、潘立成、林立武与我的沟通和交流！感谢郑飞扬参与插图的绘制，也感谢其他学生提供的插图。特别感谢李丽虹、上官玉彦、宋兴健的鼓励和支持！

宋兴川

2020 年 7 月 30 日于浙江丽水

目 录

Contents

第一章　生命

生命是世间最美好的东西，变化是生命的本质。

当我们感受到生命的运动时，说明我们还活着。有生命真好，只要活着，我们对未来就有盼头。无论如何，变化是绝对的，稳定是相对的，因为生命中追求或维持的平衡是动态的。为此，我们不要为自己的出身所羁绊，也不要为一时的成功而裹足不前，更不要为当下的挫折而绝望。只要活着，就要不断追逐生命的发展。

生命的拷问

生命，这是一个不同寻常的词，它是人生中最重要的。有了它，我们才能做有益于他人乃至社会的事。每个人的生命只有一次。虽然人们期望生命能永恒，来世还能再活一次，最好还能延续上辈子的记忆，然而科学证明这只是美好的愿望而已。

只要活着，我们的生命就具有无限的创造力。我们不仅有自己的家，能孕育新生命，还会在走过的任何一个环境，留下我们思想和情感的印痕。

生命是有限的，从生命的诞生到死亡，据科学估计不过百岁而已。然而，大部分人七八十岁足矣。即使躲过疾病与灾难，人们也都会寿终正寝。期望长生不老，只是人们的一厢情愿。生命的有限性使人人都要面临死亡，这让人们感觉生命很神秘，也由此产生了敬畏和恐惧之情。

生命是脆弱的，也是无常的。我们不知道明天和意外哪一个先到，所以当身边熟悉的人突然间离开，我们就会接受不了这一事实。面对鲜活的生命，说没有就没有了，我们会觉得生命无常、不确定，甚至产生无奈和恐惧。为了摆脱这种阴影，人们可能会信奉神灵，相信有来世。

求生是动物的一种本能，也是人类的一种自觉。我们是有意识的人，相比于动物，我们能想方设法地保护自己，免遭失去生命的威胁。然而，无论如何，我们无法令其保持永久的活力。虽然各种新药不断地研发，遗憾的是，医学也有不能医治的疾病，更不能达到永生的目的。生老病死是自然规律。面对生命的极限，我们只能维护生命的健康，积极开发各种潜能，努力提升生命的价值。

生命的价值是什么呢？我们经常面临这样的拷问。因为生命的成长，经常要面临各种抉择与冲突。肉体生命是重要的，但还有些需要甚至超过我们的生命，比如，尊严、自由、信念、祖国、宗教、民族、真理等。这正如"生命诚可贵，爱情价更高，若为自由故，二者皆可抛"。对某些人来说，这些可能比生命还重要，如果丧失或被剥夺，他们会痛不欲生，失去了活下去的价值和意义，甚至会想结束自己宝贵的生命。我们非常敬佩这些追求精神生活的人，虽然肉体生命死了，但他们的英名活在人们的心中，并重生为精神生命，万古流芳。

我们可能不能与这些有信仰的伟人相提并论，然而，不管在哪里，我们都要做一个合格的公民，遵纪守法，不要因为某些需要没有被满足而轻易放弃，甚至自残结束自己宝贵的生命。

生命的本质是创造，是对周围世界产生影响。这是人类生命的特点，是超越动物生命的本性。众所周知，人有好奇心，具有改变客观世界和主观世界的动机，还有自觉控制力，只有最大程度地发挥这些潜能，我们才能彰显意志的自由和创造。因此我们不仅仅是要活着，还要尊重生命，挖掘生命的潜能，让生命焕发出应有的创造价值。

如果我们一生是这样活着的话，那么临死的时候，我们会非常坦然，没有后悔也没有惧怕。因为我们认同这辈子没有虚度，自己的人生是有价值的。

虽然我们不可能选择自己的出身，但可以选择过怎样的生活。如何让有限的生命释放出更大的光和热，有益于他人和社会的发展，这是我们爱惜生命、尊重生命、主宰命运、开发自己生命价值的伟大追寻。这是积极的生命观，它让我们无愧于生命的神圣，无愧于自己，更无愧于时代。

那些违法乱纪的人，他们亵渎了生命的神圣，不爱惜自己的生命；那些因一时失败就轻易结束生命的人是漠视生命，也是不珍惜自己生命的。这些都是消极的生命观，他们不仅对不起养育他们的父母，更对不起自己。这些人不了解一个生命孕育的艰辛与伟大，不仅是无视母亲十月怀胎的痛苦，也是对生命上亿年进化到人类这一漫长过程的亵渎。

生命是伟大的，也是来之不易的，人的生命只有一次，每个人都有捍卫自己生命的义务。只有爱惜生命、尊重生命，我们才能让生命绽放出光彩，让自己过一个美好的、不悔的、有意义的人生。

生命的呓语

小时候，我们都听过关于"鬼"的故事，经常听人说"鬼是死人变来的"，对死亡感到神秘和恐惧。乡下单调的生活，尤其冬季寂寞的晚上，我们都会围着炉子，很享受听关于鬼和死亡的故事。这是遥远的乡愁，形成我们对生命的敬畏！

死亡的痛苦以及死亡后进入另一个世界受尽折磨的恐惧，让我们不寒而栗。所以我们不敢去想死亡，更忌讳谈论死亡。正是因为这样，年长的人和

生命不仅是活着，不只是吃饭与睡觉。人还有心灵，需要思考生命本身，人是需要精神滋养的。

大的孩子也喜欢用鬼或死亡来吓我们，甚而威胁我们做一些自己不太愿意做的事。

死亡是什么？小时候，死亡就是与亲人永久的分离，是无依无靠；是没有吃穿没有人关爱，还是一望无际的黑暗。随着年龄增长，我知道死亡就是灯火熄灭，是消失。然而，我接受不了这个冰冷的观念，心里老想不明白：一个活生生的人，尤其与自己相处多年的人，怎么说死了就什么也没有了，而且以后永远都不能相见？为此，我内心一直相信和期望：生死间一定有个东西联接。死亡一定是进入另外一个世界，那里和我们现实的世俗生活一样，是充满情趣与活力的。再以后，我遇到的人多了，经历的事多了，让我对生死有了新的领悟和理解。

生命是神秘的东西。人是身心灵的一体，人的精神世界是不容忽视的，人是有灵性的。我们认识的人、遇到的事，都是我们生命的一部分。人的生死正如苏格拉底认为的那样，是一个生命发展的阶段，死并不是终结而是另一种生命的生，生死是循环的，生命是生生不息的。

人是有精神世界的，精神的问题具有独特性、永恒性，所以认识生命、理解生命，不应忽视人的精神问题。对人而言，关于各种观念，不是对与错的评价，而是合理不合理的问题，人们喜欢接纳合乎情理的观念及做法。

关于生命的话题，还有很多……

生命是流动的水

生命是流动的，有水一样的性格。它出自山涧的潺潺小溪，先形成山脚的小河，然后哗啦哗啦地汇入江河。生命就要变化、要流动，要走出大山，闯闯外面的世界。正如"人挪活，树挪死"一样，人走动得越多，越能找到施展抱负的阳光与土壤，也就获得

生命是流动的歌，它的变化似太阳的升落，像河流的涌动，如草木的荣枯。

越多绽放生命价值的机会。江河源头的水养不了肥硕的大鱼，只有流到入海口，经历过漫长的旅途，它才能摄取大地的精华，吸引成群的鱼觅食、繁衍。人的生命成长也是这样，经风雨见世面，才能世事洞明，人情练达，顿悟人生的真谛，铸就一个个辉煌。

水是柔软的，骨子里却藏着摧不垮的韧性。它锲而不舍，冲刷前进路上的岩石和阻挡它流动的大地，以滴水穿石的精神，赢得最后的胜利。人生要有水一样的智慧，不要与遭遇到的任何困难针锋相对。既要以水一样的温柔去顺从它，还要以柔软的秉性充盈它的每个缝隙，尔后慢慢融化它。生命要学会迂回，绕道而行，学会滴水穿石，积聚毅力与恒心的力量。

水是包容的，能与大地的任何东西和谐相处。水能沉淀污泥，让它长出映日荷花；能与火握手，相拥在朵朵白色的雾气里歌唱。海之博大在于海纳百川，学会了宽容，人生就没有了争吵、抱怨和嫉妒，就不会用别人的错误来惩罚自己，生命的旅途就会祥和一片。

水是谦虚的，从不炫耀自己，总是陪衬与它相遇的任何东西。月亮很远，可水中的月亮很近，有时候静得像宝石，有时候像粼光闪闪的碎银。月亮的美在水里。正如鱼的多姿在水里一样，它们因水的滋养而绽放生命的灵动。沙漠因水而生绿洲，招来花草虫鱼，人丁迁居，养一派生机盎然。人生也是这样，人们总喜欢谦虚的人。以人为本的人，往往是给别人带来便利的人。当然，他也会赢得人与人之间的永久信赖。任何东西都忘不掉水，也离不开水，这就是水的价值。

水是有内涵的。水能静，点点滴滴积累，蓄一潭深水。然后厚积薄发，从不间断，有无限的生命力和创造力。人生的境界是大智若愚，宁静以致远，外表要低调，内心要博大精深。它宛如一坛陈年老酒，表面平淡，却飘香四溢。表面太突出，易招人嫉妒。毕竟锋芒毕露会树敌太多，往往为自己的发展招来阻碍和绊脚石。人生要能像水一样，不张扬，默默流淌，蓄一潭清水，滋养鱼虾，还能细水长流，激发生命无穷的潜力。

人生要学习水的品格，富有水的灵性，要经风雨长见识，获得自我的发展与成长；要努力做事、低调做人，要宽容，与人为善，无论走到哪里，都要给别人带来方便，不要成为别人的负担；要谦虚，有涵养，努力充实自己，厚积薄发；要多读书，要行万里路，多交流，汲取外界的营养，不断丰富自己。

古人曰：上善若水。人生只有像水这样，才能很好地生存与发展，具有永恒的魅力。

人生的几种算法

人生似条河，那是说人生是变化的。正如人有少年、青年、中年与老年，每个阶段有不同人生发展的任务。

我曾把数学的几种算法与人生的阶段相比，令我惊讶的是，原来人生就是这几种算法交织在一起。这真是太奇妙了！我觉得用算法来

人生有不同的阶段，也有不同的算法。热爱生命，实现自己生命的价值。不悔的人生，从你计算人生的笔下开始。

诠释人生特别生动，也具有一定的深度，让人有意犹未尽之感。

少年时，人生是加法。我们热爱生命，热爱世界，我们有无穷的精力去挑战与征服。无论我们走到哪里，都会有希望和梦想。我们的人生是不断地获取，无论成功与失败，我们需要丰富与充实自己。

青年时，人生是乘法。青年是人生的黄金时期，我们需要爱情、工作，需要成家立业。我们的精力、智力与经历都是最佳的组合。我们面临的人生课题较多，每项课题都需要发掘自己的潜力，不断挑战自己，去征服未知的挑战。凡是认为是自己能做的事，尤其是自己的人生使命，我们再苦再累也乐此不疲。即使遭遇挫折我们也不放弃，痴心不改。我们奉行"三分天注定，七分靠打拼"，"爱拼才会赢"。

中年，人生是减法。中年时经历了人生的坎坷而达到了巅峰。我们认识了自己，也了解了社会，我们知道哪些能做，哪些不能做。对于我们来说，生命是有限的，尤其某些熟悉的人已离我们而去，这加深了我们对生命有限的认识。随着身体机能的衰老，我们开始关注身体的健康，重新调整事业与健康的比重。我们不仅要慢慢卸担子和责任，而且也会变得守旧与传统。所以，放下欲望是中年减法的写照，淡泊以明志是这个时期的缩影。

老年是人生的除法。进入老年，我们退休了，身体的衰老以及疾病越来越凸现在我们的意识中。死亡已是我们身边经常发生的事，地位、身份和财富已逐渐淡出我们的视野，健康成为我们生命的核心。一般而言，任何事都要以我们的健康为被除数。所以，健康是分母，任何天大的事都会以健康来权衡。

人生是可以计算的，那指的是生命的长短与贡献的大小。然而，人生还可以用不同算法进行诠释，这是我们对人生的规划与调控。纵览生命发展的阶段，从顺应人的天性和社会的期待出发，我们的生命应该是这样计算的：少年期是加法，召唤我们不断努力做事与挑战，我们要有后生可畏的气概；青年期是拼命做事，无论家庭与事业，我们都要努力拼搏，这是我们人生最灿烂的时期。中年是人生的成熟期，生命要用减法，干能干的，做喜欢做的，我们可以做好年轻人的梯子，把机会留给年轻人。老年则是人生的除法，健康是我们生活的分母，在有限的生命中，实现未了的夙愿，做不后悔的事，做最想做的事。

人生是发展的，生命是有阶段的，我们要多考虑人生阶段的使命，多考虑自己的生命质量。这就是生命的算法。

此一时，彼一时

在阅读中国革命史时，不难发觉：抗日战争和土地革命时期对敌人的界定，其含义是不一样的。如果我们对此不理解，就可能产生困惑。然而，谁是敌人，谁是朋友，这是革命的首要问题。涉及我们反对谁和团结谁，决定着我们对他们的接纳程度。

好和坏的区分是我们对事物的惯性思维，它让我们追求认识的简洁、明确和一致性。我们常常会遇到类似下列的问题：

恋人之间过去很好，现在态度却变化了，我爱的人是否真爱我？

童年的好朋友，好得无话不说，有好吃的零食也经常分享。然而，对方因升职却疏远了你，甚至表现出高傲。这让你心里很难受，老放不下。

由于社会变迁，过去非常崇拜的人物，现在社会不倡导了，更让你费解的是，现在崇拜曾经反对的东西了，这包括某些人、观念和事。还有更痛苦的是，曾经狂热地陷入了的感情，现在却要放弃了。诸如此类的事让你思前想后，心里很不是滋味。

同是一个人，不同阶段是不一样的。事物的荣枯以时间地点为转移。

有部美国电影叫《风语者》，它讲述的是关于第二次世界大战期间美国和日本的战争。在太平洋塞班岛，美军与日军打仗，双方损失惨重。孤独、寂寞、疲惫，以及失去战友的伤痛让美军非常厌恶战争。但是，军令如山，他们已没有自己的意志，心里纵有多大抱怨，也得无奈地服从。面对战争带来的饥饿、死亡，他们都麻木了。他们活得很难，感受生命的无常。在往驻地撤退时，一个士兵哼完小曲，自嘲："现在我们同日本打仗，日本是我们的敌人，我们对他们恨之入骨，说不定我们的下一代和他们握手言和，可能在这个地方碰杯喝酒。""唉！"另一位回应，"谁能说清呢？"带队的士官走过来，不高兴地说道："别扰乱军心。"此后，是久久的无语、沉默，以及他们渐渐消失在硝烟中的背影……

无独有偶。如果你想买一套房，付了定金，你欣然准备明天去签合同。不巧，

对方说有事，签字拖延，过两天再签。可是第三天去补签时，他仍有事，这样又拖了几天，再签时他却不卖了。你很郁闷，因为你已经卖掉了原来居住的房子。然而你正准备与他打官司时，房价已经开始涨了……

生活中类似的事很多，让人感到困惑、委屈和无奈，你也许奋力抗争，却遭遇马拉松式的口水战。何故？因为，双方各有各的道理……

诸如此类的事端，生活中真是不胜枚举。你只有耸耸肩，自嘲道："此一时，彼一时。"

这是一种无奈之举。其实，这也是一种洞悉人生的智慧，更是一种乐观的生活态度。

"此一时，彼一时"是用发展的眼光看待世界的变化。我们奉行的真理具有相对性，在一定生活空间会对事物产生一种看法或态度，如果换个生活环境，某些看法乃至信念就会发生改变。比如水在不同的温度下表现为液态、气态和固态。这是水外部形态的变化。然而，有些情况下是事物性质的变化，如鱼儿离不开水，水对鱼的生死起关键作用。所以，在一定的条件下，矛盾的性质会发生变化，把这种观点引申到生活中，就是要求人们识时务，要与时俱进。古人曰："识时务者为俊杰。"只有与变化的社会环境保持适应，人的思想观念才不至于落伍，个体与环境才能保持和谐相处。显然，个体适应环境良好了，不仅能延续生命，发挥自己的潜能，还能焕发生命的价值和意义。因此，我们要不断向生活学习，及时调整自己的固有观念和想法，始终适应社会的发展。

我们也经常说"十年河东，十年河西"和风水轮流转。面对挫折与磨难，我们就会认为眼下的危机和困境总会过去，说不定柳暗花明又一村的机遇就在眼前。若遇到巨大的成功，生活中的好事接踵而至，我们也会因"此一时，彼一时"而淡然处之，内心告诫自己：这只是过眼烟云，不要沉湎其中。无论有多大的怨气，我们只要说一句"此一时，彼一时"，顷刻，如同服了一剂良药，内心就会获得解脱与超越。我们明白了人生变化的精髓，当面临各种变故，我们就能学会理解、宽容与放下。

怀着这样的想法看待个人命运的沉浮，不管身处何种逆境，也能谈笑人生，表现出乐观的人生态度。

"此一时，彼一时"，让我们明白了生活的玄机，乐观地对待生命中发生的一切事，顺其自然地对待生活。不管遭遇任何人和事，也不管命运垂青我们的是何种沉浮，我们都会感恩生命的机遇，感恩曾经帮助过自己的人和事，他们毕竟在你人生中陪伴过你。记住：此一时，彼一时。人生该出现的痛苦，没什么，我们要放下；该出现的快乐，我们坦然分享。知道人生的这些沉浮都不是永久的，要学会放下。这是一种乐观超然的生活态度，更是关爱生命、对自己人生负责的品性。

"此一时，彼一时"的心态是一剂良药，它让我们心存高远，与时俱进，人生只争朝夕。

多对自己说：此一时，彼一时。

永恒的绝唱：圆

我们生活的地球是圆的，它又是运动的，我们可以坐地日行八万里。地球一年三百六十五天绕着太阳旋转，它才有了四季更迭，孕育了丰富多彩的生物，呈现出一派生机勃勃的壮丽画卷。这是一个关于圆的生命的故事。

圆，是大千世界神秘的符号，也是我们生命的图式。

自然界的变化是周而复始、亘古未变的，这是一个圆的周期。生命的孕育、诞生、成长、衰老与死亡，也是一个轮回——圆。生命的终点是死亡，而死亡又是新生命的开始。难怪感伤的诗人对生命轮回的变化发出人生如梦、名利如浮云的感叹。从人生的终极价值看，人生的终点都是死亡，本没有什么意思，人生的精彩之处在于人生的历程。每个人的人生道路不同，对社会的贡献不同，但他们生命的轨迹都归于圆。

就人生追求的结果而言，人们追求的是人生的圆满。圆满是什么？是人生的完满状态，也就是身心的发展，既是天人合一，又是内心的和谐。圆满不仅仅是字面的"圆"字，而是人们内心期待的一种象征。这又是一个圆。

人类脱离动物走向文明的蒙昧时期，搭建的房子是圆的窝棚，现在久负盛名的福建土楼也是以圆形居多。人们过河搭建的桥，最早的也是圆形的拱桥。人们代步的交通工具也离不开圆形的轮子。我们日常生活每天都离不开的锅和碗也是圆的。这自然的万物造化都藏着神秘的圆。

圆——这个神秘的符号，如一个幽灵一样，无孔不入地游动在我们的生命中，不仅给我们符号象征的意义，还给我们哲理的启迪。

圆象征着生命。生命在母腹中孕育，由一个受精卵开始一步步发育，诞生为一个小生命。许多动物的新生命都是由圆圆的受精卵发育或孵化而成，如陆上跑的兽类，天空飞翔的禽类，不一而足。植物的果实是圆的，产生新生命的种子也是圆的，滋养生命的阳光和水滴也是圆的。

圆象征着滚动。圆具有从一个地方滚动到另一个地方的力量，任何移动的工具或机械都装有轮子。圆的种子更容易流动，便于生命的传递和自我保护。中国的太极图是圆，阴阳包裹，揭示世间的规律。太极图不仅象征任何新生事物的产生，也表明万事万物都处于不停的变化之中，所以，好坏是一时的，相对的，只有变化才是绝对的。

圆象征着和谐。圆是没有棱角的，不会对人有压迫感。从圆心到边缘的距离相等，象征着平等与尊重。所以，世界上重要的会议都是圆桌会议，各国政要都一视同仁。这样的会议彼此尊重，地位公平，有助于化解矛盾，达成共识。圆里面可以放无数个同心圆，尽管亲疏关系不同，但是处于同一个的圆内，这让大家维持一个共同的目标或信念，彼此团结，和谐共处。

圆象征着成熟与智慧。虽说瓜熟蒂落，但是成熟的果实却是圆的，表明内部已成熟、饱满。我们把做完手头的工作，称作圆满完成任务。如果学生考试得了满分，一定是一百，是由"1"和两个"0"组成，强调"圆满"。对成人而言，成熟意味着智慧，我们通常说"圆熟""圆滑""周全""内方外圆"。除了人际关系中处理得得体、周全，不伤害对方外，在工作事业上还构思巧妙，化解各种问题，这就等于划上满意的句号。

圆给我们的象征远非如此，正如圆给我们人生的智慧一样丰富深厚。为此，你要站在一定的高度才能理解"圆"。

圆既可以表现丰富、无法穷尽，也可以表示没有，即一个零。人生很多道理就是这样，你相信自己是个能成功的人，你就会努力，持之以恒地奋斗，最终真的达到成功；你若认为自己不能成功，就会放弃一切努力，原地踏步走，这注定是不会成功的。我们的思想、行为和结果的运行也是一个圆，好的各种事情都是满满圆圆的，我们称为"OK"。失败是什么也没有，就是一个零。

圆是生命，是生命历程的记载。你认为新生命是一无所有，但它有旺盛的生命力，充满意想不到的前途和发展，为此你要充满信心，去书写属于你的人生故事。生命是一个过程，人生就是由生到死或重生的一个圆。生命的雏形不仅是圆的，生命的变化轨迹也是如此周而复始。一粒种子，你能预测它未来是什么样的吗？很难，但有一点可以肯定，在适时的阳光、空气和水的条件下，它有可能长成参天大树。许多种子，便可能演变成一片森林……

圆是流动的、变化的，朝适合自己的方向滚动。你要懂得这个道理，人间正道是沧桑，变化是大千世界的本质属性。生命在于运动，遇到失败别气馁，说不定这是危机后绝处逢生的机会。记住：人生没有过不去的坎。人不要满足于山顶，要下山走到另一个山顶，你才能不断发现新的世界和新的自我。

圆是万事万物相融的一种境界。要学会尊重生命中遇到的任何一个人，哪怕是你的敌人。也许他现在是你的敌人，可能因为你的不计前嫌帮助了他，他在人生的另一个驿站可能成为你的朋友，甚而帮助你成就一番事业。这是变化，是与周围环境和谐相处，这也就是"与人方便，与己方便"的人生领悟。

　　圆是一种丰硕的收获。一旦你获得成功，拥有了它，表明它已成为过去，你又回到人生的原点或起点，又需要开始新一轮的寻找与实现梦想的过程。面对生死，人人都是一样的圆，人生的精彩全在生死之间的过程，也就是你失去与得到的动人经历和故事中。

　　圆是一种睿智的人生态度，存在于处理万事万物的"周全"与"圆满"之中。我们处理问题的圆满，这不是一种方法和技巧，而是一种和谐的境界。方法和技巧永远应付不了人生各种的意想不到，只有一种"圆"的境界，才能视人生的沉浮如云烟，也真正顿悟"得到就是失去，人生从来就没有绝对的赢输"这一真谛。有了这样的得失、轮回、沉浮观，我们才能看淡人世间一切恩怨，提升自己的幸福感受力，才能真正找到自己快乐、健康、和谐的精神家园。所以，佛家对人生一切痛苦根源的诉求，认为无欲无求则无痛苦，这是真正化解人间痛苦的大彻悟。

　　圆，真是大千世界平凡而又不平凡的符号，它存在于我们生命诞生的一刻，存在于我们睁开眼睛认识周围世界的过程中，它还陪伴着我们走完人生的旅程。如果你有心，它能带给你许许多多的智慧和启迪。

　　如果人生是一首歌，圆就是生命永恒的绝唱。

周期

　　大千世界是变化的，由生而死，由始而终。万事万物的变化又都是有周期的。正如春夏秋冬，年复一年，周而复始。人生不是单行道，我们看见了花开花落，又体验到悲欢离合，这是自然的规律，也是人生神秘的轮回。

　　周期似一个"幽灵"，飘荡在我们

周期是大自然的永恒符号，生命就是这样春夏秋冬，周而复始，生生不息。

每个人的生命里，贯穿于我们人生的故事里，它又是一股神奇的力量，给无常的生活以确定秩序的启示，燃起我们人生的勇气和力量。

世界为什么会有周期呢？因为世界是变化的，变化又是永恒的。变化就是从无到有，有就是"生"。有了生，便开始由小到大，由年轻到成熟，然后走向衰老与死亡，这就是周期的成因。纵观大千世界，周期是宇宙变化的大法，人生只是它其中的一粒微尘。

周期是一个变化过程，由诞生、年轻、成熟到衰亡。然而，周期，这个平凡而有魔力的字眼究竟会给我们人生带来哪些启示呢？

生命是一个阶段。我们都是活在当下生命过程的某个阶段，当下的繁荣也好，悲伤也好，不过都是暂时的，似乎是过眼云烟。如果是快乐的巅峰，那我们也不要得意忘形，应该要时时严于律己，不要超越伦理凌驾于法律之上。要学会节俭，要学会给自己留些积蓄，以备人生不可预料的灾难降临。如果处于人生少有的逆境，或身陷囹圄，我们要暗示自己，这不是永恒的，这可能就是黎明前的黑暗。为此，我们不要为目前的困境而失去生活的勇气，更不要终日沉溺于痛苦；我们要昂起头，打起精神，走奋斗、拼搏的路。生命既然是一个周期，当下只是人生的某个阶段，磨难与繁华只不过是与我们擦肩而过，为此我们就不应绝望，更不应该下绝对化的定论。

生命是丰富的。周期的观念告诉我们，变化存在于各个阶段，如一年中的春、夏、秋、冬。每个人的生命都会有春的繁花、夏的艳丽、秋的硕果和冬的萧飒。有些人可能由冬开始，经历春、夏、秋，有些人可能由春开始，经历夏、秋与冬。正如人不能选择自己的出身一样，我们的人生阶段从哪开始都无法确知，但随着成长，我们都会经历人生的酸甜苦辣。也就是说，人生周期的曲线的起点和高低也都不同，但都会演绎属于自己传奇的人生故事。别人取得很大的辉煌，那一定是他付出的艰辛多。生命是需要成长的，我们的出身都是周期的某个阶段，所以，我们都"先天不足"。我们都是第一次出生在这个世界上，所以我们的心灵是空白的，我们都需要去学习、去经历人生的风雨。好的生活能满足我们身体的发育，却不能培养我们的心灵与意志。磨难可能使我们痛苦，会对世界产生悲观的认识，但它可能会促进我们发愤，穷则思变。

生命是与时俱进的。如果说人生是一个大周期的话，那其中又有许多小周期，有些是周期里面又套周期，就像人的情绪周期与智力周期是不同步的一样。生命是变化的，无论当下是悲是喜，这都是不重要的，关键是我们要学会放下，放下繁华也好，放下落魄也好，我们都要与时代同步，要向明天看。如果一直停留在当下的生活境界，那是用静止的观念看待生活。要知道，一味沉湎于过去的辉煌，只会让人产生抱怨、疾愤与仇视，从而与社会格格不入。当然，只囿于过去或当下的贫困而不思进取，这只会让人认命，对未来充满悲观与厌世。这些都不是积极的人生态度，人生的周期观启示我们要积极看待社会变化，学会与时俱进，积极追求自己内心需要的生活。

生命是宽容与淡泊的。人生是一个变化的周期过程，变化的核心就是生死相连，起伏不断，所以，得失都是暂时的，我们应有"宴席无不散，风情留有余"的心态。这就是说，我们要对遭遇不同人生阶段的得失与恩怨怀有宽容与淡泊的心态。因为我们所有的光环都会退去，荣耀不会伴你一生；所有的财富，除非你享用，我们都是暂时的保管者。回溯过去，不难发现：人生变化的力量往往会打破我们头脑中所有者的身份。正如是你的，会失而复得：不是你的，会随时离开你。为此，怀着宽容与淡泊的心态，才能让我们以不变应万变，永葆我们内心的平静与祥和。

生命是往前走的。生命的变化是永恒的，周期只是变化的集中代表。一个周期结束，另一个周期又开始，生命就是这样螺旋上升与发展。正所谓："年年岁岁花相似，岁岁年年人不同。"为此，要顺应生命变化的大趋势，对未来充满信心，在每一个阶段结束与下个阶段发生之间，我们要学会总结过去的经历，做好对未来人生的规划。只有在人生承前启后的节点上，与自己的内心交流，关注自己生命的成长，我们未来的人生之路才会比较顺畅。辩证的发现观认为，前途是光明的，道路是曲折的。

总之，世界是变化的，人的生命又是有周期的，人生注定要经历兴衰。生命的周期让我们学会宽容与淡泊，保持乐观的心态，勇于坚持与等待；不管生活发生了什么，我们都得有积极往前走的心；人间正道是沧桑，生命变化的光辉总会光顾我们的人生。

敬畏文字

读书、写作的人，你敬畏文字吗？人们都说：当下的人没有了敬畏，没有了信仰，欲望吞食着社会的文明与美好。如此这般下去，我们也担忧，社会会变成什么样子？

或者自我膨胀，再……用的有限性：没有感恩，让我们丧失良知，失去了人性，在人和人的交往中，对了快速地占有财富，尔虞我诈，冲破道德底线，甚至强取豪夺，就连我们赖以生存的家庭，由于没有感恩，让亲情浸透利益关系，使家庭成员之间温暖，充满抱怨、争吵，甚至反目为仇，冲破人和人之间信任的最后一道防线。无疑，从这样的家庭走出的人不相信任何人，不相信社会，经常处于焦虑、警惕中，我们没有了起码的社会安全感。

感恩为何有这样大的力量？这主要因为感恩是在人与人交往中，对别人所做事情的一种承认和认同，不仅对别人的关心和帮助心存欠愧之意，而且努力去回报的一种行为。可以说，感恩是一切道德的基石和核心。当心存感恩，我们就能体验到温暖，发现生命中的任何东西，与你交往的任何一个人、一件事，他对你生命成长都具有很重要的价值，曾经对你的生活产生了积极的影响和作用。正

文字是我们的心声，也是我们的生命，我们要好好呵护它。

为避免那种恐怖事情的发生，那就重拾我们遗失的敬畏之心，重建内心的神圣与信仰吧！如果我们信誓旦旦有了这种决心，那么我们要敬畏什么呢？

人们敬畏心脏，因为如果心脏出了问题，一个人的生命将会终结。无疑，人生活在社会中，如果整个社会和谐了，个体才能满足需要并获得真正的幸福。为此，人必须敬畏维持社会和谐的法律与道德，法律与道德应该是人们心目中的一座丰碑，无人敢亵渎与践踏。然而，道德与法律是用文字表述和传播的，其意义具有严密性，所以人们首先应该敬畏文字。这看似小事，其实不然。

在生命最宝贵的时间内，我们都是在学习文字，因为文字是学习知识、进行创造的前提，也是我们交流和表达思想的工具。如果没有文字，我们至今发展的人类文明顷刻间土崩化解，我们也会因缺少优秀思想的滋养而不能进步。

文字这般重要，以至于读书的人或懂文字的人都被称作"先生"。古时候，人们也把读书、写作或印有文字的东西，都视作神圣之物而倍加敬畏。

一位特级语文老师曾对我说：在古代读书写文章的人，身边都有一个焚稿炉，自认为不满意的文章，一定扔进这炉子里烧掉，决不流传到社会。这既是自律，追求文章的尽善尽美，也是对他人的尊重和负责。他说：这是文人敬畏文字的表现，是敬惜纸字的行业道德。因为写成文字的东西会流传，不仅关乎自己的声誉，也影响他人的心灵。好的文字能陶冶人的心灵，不洁的文字会污染人的灵魂。他讲的道理让我内心触动，不是吗？当今社会不仅假货充斥，各种垃圾文字也常常见诸传媒。更有一些不学无术、不钻研业务的"学者"，随意发表言说或到处题字等，极大地败坏了文字的纯洁性和神圣性。有些不美的思想和表达，甚而严重危害人的意识观念。虽然我们痛恨假货，它们可能毒害人的身体，然而，遭到不洁的文字及表述的观念残害的，却是人们的价值观和信仰，殊不知，其危害可能会持续几代人。

他有感而发，说得很激愤，我也听得心情激动。在这种"文化"氛围中，我不由对当下国人，尤其青少年的文字意识忧心忡忡。

叶圣陶在主持中小学语文教材编写时，为挑选一篇外文进入教材，他除了百里挑一、精心选择文章外，还组织北京、上海两套人马翻译原文。然后，请话剧演员诵读，直到反复亲自审听后，他才商定录用的文稿。叶老曾说，我们编出的教材是给全国中学生读的，应具有示范性和教育性，这是神圣的工作，一定不要误人子弟……

听完他讲的故事，我内心对叶老这批文化人产生由衷的敬意。他们的社会责任感和对文字的敬畏让我难以忘怀，这似一粒种子深深扎根在我心田。我想，从古及今广为流传的文学经典，字字句句，点滴思想，无不闪耀着作者敬惜纸字的风范，字里行间流淌着他们对文字的敬畏。

对于一般人而言，他们都比较敬畏生命，因为生命只有一次。然而，有个语文老师告诉我：作文也是有生命的，因为学生的作文记载着成长。我非常认同他的观点，因为每一篇作文所记述的内容都是最能触动学生心灵的事，或让思想由困惑到开悟的蜕变历程。这些经验直击心底，忠实陪伴生命的旅程，而且也消耗生命的能量，成就生命存在的伟大价值。人常说：文字是人直击心灵的思考。文字本身是没有生命的符号，但若是个体来自心灵深处的思想表达，那这些赋予智慧或情感色彩的语句就仿佛经历神圣的洗礼一番，具有了字里行间流动着的神圣魔力。这些事以及由此感悟的人生真谛更是这个学生生命成长某个阶段的里程碑，将对其以后的人生及其人格产生持久的影响。

学生的作文，尤其作文中的文字，它并非单纯的文字符号，是作者关于人生的思考，是他讴歌生命外化的音符，是他心灵深处流淌出来的对生命的敬畏之曲，也是他寻找人生真善美的安魂之曲。心理学认为思维与语言同在，也就是说，我们表现出来的句句话语，是我们对人生感悟的轨迹。作为老师，如果敬畏学生的生命，就应该敬重学生作文表述的文字。为此，教师应该认真阅读学生作文的每一个字符，努力触摸文字背后的情感。显然，教师只有这样敬畏学生的文字，才能走进学生的心灵，深深地理解他们的想法并体会他们的爱与恨。

与我交流的这位老师不仅是特级教师，还是师德之星。他看我认真听，感觉与他是同路人，又激动地说："作文是学生的生命，有了这种态度，就会敬畏学生的每篇习作，重视对学生作文的批改。"话说至此，我深深感受到，他是饱含深情、咬紧牙说出每个音："你不是在批改作文，而是在批改心灵。"这样不仅是帮助学生修正文字表达，还借助学生文字表达的真、善、美，与学生一起对爱进行巩固与提升。如果说文字是学生的思考，那教师的批阅正是学生航行在人生海洋上的航标，引领他以后将成为什么样的人，过什么样的人生。

……

我是一个大学教师，经常读书与写作，与这位搞文字工作的前辈以及中学语文老师的邂逅，真是我人生的一大幸事。在当下社会充斥纷乱的、浮躁的人心中，还有这些有强烈敬业精神和社会责任感的人，他们在平凡的工作中，恪守一份专业精神，捍卫文字的神圣。

朋友，让我们每一位从事与文字工作相关的人士，都怀有敬畏文字的态度，努力做到敬惜纸字，为他人或社会提供无污染的精神食粮，争当捍卫文化与传播环节的清洁工。

在我们的内心供奉一个神圣的焚稿炉，在我们心灵竖起一把敬畏文字的利剑。

不忘初心

社会治理不可能像建筑工程那样，依赖少数精英设计出一个图纸来"施工"。因为改革涉及社会中每个人的利益，人是有意志和情感的，有自己切身利益的。也就是说，顶层设计不可能让利益的相关人置身事外。"不忘初心"是多么伟大的一句经典，我们的任何工作都要不忘初心，从事物的本性出发。

许多大获民心的成功改革并非由顶层设计出来的，而是

不忘自己的出身和老家，常回故乡看看，重温自己儿时的梦想。

来自底层创造、验证过的做法经过顶层的认可后，才变成了顶层设计。农村改革就是从小岗村变成了顶层设计的成功范例。我们应该尊重人民的智慧和创造，老百姓是我们一切工作的出发点，他们的利益是我们不忘的初心。

不仅治理国家的政治如此，但凡涉及社会科学的研究也应接地气，不忘初心。换句话说，就是要真实反映社会的人性。毛泽东在《在延安文艺座谈会上的讲话》指

出：文艺应该走以工农相结合的道路。此后，根据地的文学家、艺术家走进广阔的人民群众之中，与他们共同劳动，倾听他们的人生故事，以及体会他们生活的甘苦。

那是一个激情燃烧的岁月，伴随着全国社会的变革，一大批艺术作品如雨后春笋，生机勃勃，层出不穷，呈现出空前繁荣的局面。比如说，赵树理的《小二黑结婚》和《李有才板话》、丁玲的《太阳照在桑干河上》、周立波的《暴风骤雨》、李季的《王贵与李香香》、阮章竞的《漳河水》、孙犁的《荷花淀》等作品。毋庸置疑，这个时期的作品具有鲜明的艺术形象、丰富多彩的主题，以及迥乎异同的表现风格，它们把中国的艺术创作以及文化发展推向了前所未有的巅峰。

回溯这段历史，那个辉煌的文学艺术时代，不是文化人有多么优越的聪明才智，也不是艺术家处于创作力的高峰，而是他们不忘初心，深入生活，是人民群众的生活激发了他们的灵感，滋养了他们旺盛的创作激情。他们在吸纳人民群众取之不尽的素材的基础上，以一个文化人的社会责任感，担当起反映这个伟大时代的神圣使命。显然，无论任何时代，由于社会的主体是大多数的基层劳动者，所以谁反映了他们的呼声，触动他们内心的东西，谁的作品才得以永恒的传承。在中国历代流传下来的文学作品如此，在世界各国流传的文学作品亦如此。

然而，经济的快速发展使我们曾一度都忙着向"钱"看，我们该放慢飞跑、追逐的脚步，不忘初心。政府各部门的政策应更接地气，社会治理不能依靠精英"顶层设计"，而是要走进群众，尊重人民的智慧与创造。我们的社会科学研究应该从象牙塔的文献堆里回归到实际生活中，要重视调查研究，关注社会底层的人群。尤其是涉及人文的文学艺术、社会科学更要关注本土人群，切实了解他们内心的需要。每个人也要不忘初心，脚踏实地地去探索、解读我们人生的意义，努力寻找内心的精神家园。

我们要不忘生命的初心，要报效家乡父老，以此唤醒我们的社会责任、公民意识；要重温生命中的某段历程，尤其是走向社会、开始创业的那段经历，感恩一路帮助自己的人，他们已融入我们的生命，帮助我们成就了今天的一切。

我们要不忘初心，重温人生走过的路，看看是否迷失了生命里最重要的东西；

要知错必改，用后半生的努力完成生命的救赎，还要寻找自己当年的激情与热血，呼唤内心的真善美，确定以后该走怎样的路，做无愧于此生的事。

　　社会的各行各业都要不忘初心，这会使我们具有历史的责任感，使我们的事业方向更明确，使我们以后人生走得更好。

第二章　爱

　　爱是人与人之间既平凡又伟大的情感，它又似促使人们健康成长的一帖神秘药贴。有生命的地方就有爱，没有爱的滋养，再旺盛的生命也会枯萎与凋零。

　　生命与爱是人的左手和右手，生命的成长不能没有爱的陪伴与守望。人世间的许多问题都是由于缺乏爱与不会爱所造成的。我们都知道，社会和谐的核心是爱，如何理解和表达爱是我们人生要学习的永恒课题。

爱的表达

　　爱，是个神圣的字眼，生活中不能没有爱，在大灾大难面前我们祈祷让世界充满爱。从小到大，我们都渴望被浓浓的爱包围着，享受爱是人生最幸福的时刻。任何一种人类文化都闪耀着爱的光辉，爱是人类永恒的话题。

　　什么是爱？爱有什么样的魅力？爱该如何表达？这些问题会经常困扰着我们。

溺爱是害人，缺乏爱是伤人，不会表达爱也会伤人。学会表达爱吧，它是一门艺术。

　　爱是什么？很难用一句话表达清楚，我们只能用动作和感受来描述。

　　爱是把所爱的人当作自己的眼睛，是把所爱的东西握在手里；爱是植物生长

离不开的空气、阳光和水；爱是鱼儿离不开的水，爱是冬天的温暖，爱是黑暗中的光亮。

爱是人与人之间相互依赖、不离不弃的情感。人类如果没有了爱，就充满残杀、血腥、恐怖，最后走向毁灭。爱能化解任何仇视和矛盾，只要人间充满爱，世界将变得更加精彩。爱不是某种语言或动作的表现，而是内心流露出来的真实情感，它不能有丝毫的虚假。你可能听不到、看不到，但你的内心能感受到它的存在和传递。一个人可能善于演戏，然而他不可能终生演戏，所以爱不是表演出来的。爱是一种眼巴巴的守望，无论春夏秋冬，它是种在你心田的一粒种子，能生长、繁衍。如果生命终结，彼此间的爱也许就会消失。但有一种爱亘古永存，生生不息，那就是人类的"大爱"，它超越时代与文化，这叫"大爱无边"。这是生命最高的境界，任何世俗的东西都不能与它相提并论。它是无价的，是永存的，它永远履行着神圣的使命——播撒爱，让人间充满爱。

我们成长的每一步都离不开爱，失去爱，生活就没有了意义，这就是爱的魅力所在。某个因事故而致残的孩子，由于伤得很重，近乎植物人。医生已宣判这个不幸的人，维持不了多久的生命。然而，有位平凡的母亲，不接受这无情的现实，因为孩子是他人生的支柱和寄托。她一直守护在孩子的病床边，不停地按摩、擦洗、说话，还唱他喜欢听的童年歌谣。就这样，一天天、一夜夜，母亲不放弃陪伴，她质朴的行为感动了身边的医生和护士。终于有一天，出现了奇迹。当相触的手指轻微动时，激动的妈妈大声喊叫："我的孩子活了，会动了！"不久，孩子真的会发声说话了。当孩子终于开口叫声"妈妈"时，周围簇拥的人都哭了……

这是爱的力量，它使垂危的生命起死回生，重新歌唱生命。这种神奇的力量，虽然科学证明不了，不能对它进行理性分析，但我们能感觉到它的存在。

爱的表达首先是真诚，然后是智慧，以及拿捏的分寸感。

理解、感悟爱是比较容易的，但表达爱却很难。要表达爱，首先要有真爱，认为所爱的东西是你生命的一部分，它对你的人生很重要。也就说，你要有真爱的体验和感悟，要对你所爱的东西有深刻的理解，正如"知之深，爱之切"一样。你还要懂得爱的一些表达艺术，对施加或付出的爱要拿捏得准确，做到点到为止，这叫"爱的分寸"。它是一种智慧与真实情感的有机结合，是所有爱相关的主题中最重要却最难说明白的一个话题。说它重要，首先是因为它付诸实际，真真切切地通过行动来实现爱的传递，否则爱只是纸上谈兵，是苍白的说教，也是没有生命灵动的。重要的是爱的适度表达，这是最难也最富于智慧的一种能力。

爱一个人很难，因为爱的语言和行为要打动被爱的人，所以爱是一种智慧。表达爱太过则易使人厌烦，我们常听到某某的爱让人感觉很累、很烦。表达爱不到火候不行，因为太含蓄容易让人感觉不到。及时、恰当地表达爱，不能不说是一种智慧。

爱的表达因人而异。人心不同，各如其面，表达爱就要采用不同的方法。因为我们面对的是有生命、有感受力的人，你表达爱的言行要使对方能"懂"和"心动"，最好能产生回应。我们悦纳自己、爱自己，总是以爱自己的方式去爱别人，认为别人也是这样。其实并非如此，因为每个人都是独特的。世界上没有无缘无故的爱，也没有无缘无故的恨。明白了这些关于爱的道理，我们就得对别人有正确的期待，以免让别人或让自己受到伤害。

人不能不爱，因为失去爱，生命就等于死亡。只要心中有爱，才能发挥爱的魔力。如何学会爱是我们人生的重要课题，只要勇于探索和学习爱的表达，就一定能把握爱的分寸，提高自己表达爱的能力。

爱与自由

父母对孩子的爱表现为呵护他成长，期望他能像小树一样长成参天大树。由于父母望女成凤、望子成龙的心理太强，可能孩子还没出生就开始对他履行早期教育计划。在中国，孩子的教育计划往往寄托了父母的人生期待。这包括父母努力在孩子身上塑造的价值观，以及把自己的喜好灌输给孩子。可是，在逐步落实教育计划时，父母会发现孩子与自己的关系疏远，甚至产生了敌对的情绪。终于有一天，孩子对你说："妈妈，你的爱会把我逼疯的！"更有甚者，在无数次的争吵中，孩子离家出走，或向你举起屠刀……

这究竟是为什么？你欲哭无泪，孩子再也不是你的心头肉，你认为人生最大的失败是生下他……

如果有一天父母开悟，一定会说："这不是孩子的错，而是我

爱他就给他自由，顺其自然，给孩子个性发展的自由就是对他生命最大的爱。

们的爱出现了错位，是我们对爱的理解存在误区所致。"

现在是一个价值多元化的时代，天生我才必有用，独特就有价值。从生命诞生的那一刻起，孩子就是一个独特的个体。前无古人，后无来者。孩子的独特在于父母遗传的基因，还有孩子独特的潜能，以及来到这个世界的独特的使命和责任。为此，父母要有这个信念，要对孩子的发展充满信心。

孩子来到这个世界，似一棵生命之树，有着自己的禀赋，再结合人生不同的经历、机遇，发展出一条发挥自我独特潜能、追求自我实现的人生之路。作为父母，只能做好自己的事，不能设计孩子的人生经历和未来发展路线，也不能代替孩子面对挫折和思考，以及获得生活智慧，更不能改变所处的社会环境。设计孩子所走的路，按照自己的期望塑造孩子是不可能，也是不现实的想法。正如同对面过来一个人，你说这人矮，孩子说这人高。孩子是以自己作评价的参照，你能说他说错了吗？如果把你的标准强加给孩子，不仅是你错了，而且可能伤害亲子关系，压抑孩子表达的自主性。明智的父母不应该越俎代庖，而应该明确哪些能做、哪些不能做，这才是爱的最佳表达方式。

孩子似一棵小树，有着无限潜力。作为父母，只能为孩子提供保证生命成长必需的空气、阳光、水与土壤，在他遭遇挫折的时候伸出援助之手，给他温暖的拥抱，鼓舞他的士气，告诉他："孩子，你什么时候都是最棒的！我们相信，你能克服眼前的困难。加油！孩子。"父母不要担心孩子走弯路、犯错误，要知道生命的成长是需要挫折体验的。心理弹性的理论告诉我们：人格的成熟、意志力的坚强等，这些都需要逆境的磨炼。实际上，没有经历人生的挫折与磨难，沉睡的思考力就不能被激活，也就无法产生人生的智慧。

不管孩子未来做什么，只要适合他的天性就是最好的选择。

世界上的职业没有贵贱之分，收入的高低是社会或者人为造成的。人生的真正幸福是生命价值酣畅淋漓的释放和展现。凡是职业活动，都是社会需要的；凡是存在的行业，都要有人去做。任何活动，包括职业，凡是做到极致，不仅是艺术和享受，而且是生命价值的绽放，就会被社会认可和接纳，赋予无上的价值。

爱一个人就给他自由，让他在天空自由飞翔，生命的快乐在于生命中具有的潜能都得到极致的发挥。让孩子在生活中，凭借自己的思考力去感受和体悟，建立一套他认可的人生目标和价值观，这才是真正的关爱孩子。父母要意识到：孩子不是你的复本，他是一个独立的生命个体。

爱他，就给他自由。

爱情的表白

爱情是美好的，它使人年轻，让人充满生活的激情。世界上有许多美丽的语言，用它来赞美爱情都觉得意犹未尽。一生若拥有一次真正爱情的体验，那他（她）一定没白活。

爱情是人类最美好的感情。

爱情是两个人身心的吸引。一般很难遇见这样幸运的一对，大部分都是爱对方，或被别人爱。单相思是痛苦的，但也是幸福的，他最起码知道了什么是爱！能爱别人，或被别人爱过，这样的人也是幸福的，因为懂得了爱的滋味。最不幸的是那些没爱过别人、也没被人爱过的人，他们不懂得爱。他们人生中缺乏一种最重要的体验。那么，爱上别人是怎样的表现呢？

爱就喜欢对方的一切，如身体、衣着、声音，甚至观念。有道是"情人眼里出西施"。对方的一切都是吸引人的，甚至是缺点。他会经常想念对方，想与对方相处，尽可能与对方多待些时间。一旦相逢，他的话有时很多，有时很少，只是静静坐着，分别时总觉得时间过得太快。如果是相爱的人，双方都想拥有对方，表现为喜欢与对方身体的接触。

爱不仅是渴望相处，还表现出以对方为中心，处处会关心与照顾对方。从生活的吃喝到人生的抉择，都会主动关心并表现出一定的影响力。

如果爱是单方面的，很容易就能做到。但爱情是双方的，这需要精心的培育，甚至经营。所以，谈恋爱的人都是甜蜜并痛苦着。爱情有心灵的吸引与接纳，所以这需要双方的交流与磨合。成熟的爱情是需要一段时间的适应，还需要一些耐心。

爱我的人伤我最深

爱是人与人之间最美好的感情，有爱就能给对方关心和照顾，这是无条件的慷慨奉献。

无疑，获得了爱的你——是幸运的，也可能形成以自我为中心，觉得生活中一切的获得都很自然。久而久之，你也会认为这一切都是自然的。那时的你只有自己的事

爱得越深，期待也越大，以至于强加了自己的意志在对方身上。正所谓期望越大，失望也越大，造成的伤害也越大。

情，其他的一切都退居身后，成为你忽视的背景。你根本意识不到周围其他人的存在，当然你也意识不到自己是获得者，源源不断从周围索取诸如爱、支持与帮助。换个角度，你是在无视周围世界对你的付出，你也是在不断地让他们承受伤害。

任何事物都是在不断发展变化的，人们之间的得失也会有平衡，过犹不及。如何维持这个度，也是个体修身的境界。《矛盾论》认为：矛盾是普遍的，矛盾是对立统一的。我们一旦和爱的人相处在一起，就会形成矛盾的统一体，既是对立也是统一。对立是不同，存在利益的此消彼长，你的得到就是我的失去；统一是相互依存，我因你而存在，彼此同处于一种和谐关系中。这是一开始走到一起形成的关系体，彼此得到又彼此失去。它平衡而稳定，体现矛盾的同一性。随着时间的延续，统一体瓦解，一方付出越来越多，精力耗竭；另一方得到也越来越多，成长壮大。这是双方能量的变化。从人情世故上讲，付出的爱越来越多，以致自己身心耗竭。然而，对方并不懂回报你的爱，滋养你心理能量的损失，所以在某种程度上，你可能就会受到伤害。不用说，付出得越多，你可能遭遇的伤害就越多。从另一方来讲，他得到的能量和爱越来越多，已和他逐渐成长形成了密切的关系，他内心已习惯接受，并单方面幻想不间断地得到。在这种习惯成自然的惯性下，他根本没意识到对方也需要爱和能量的滋养。等他意识到的时候，事物已发生变化。原来的统一体瓦解，新的统一体重新建立。双方关系性质发生蜕变，这可能造成关系恶化，结果表现为反目成仇，由爱到恨，由得到到付出，由高兴到痛苦，这种痛苦可能是怨恨，也可能是内疚与自责。

爱你的人可能感觉到伤害，你也可能因无法回报而感到内疚。从常理上讲，爱一个人，他就会为对方付出很多，当然也会期待对方能回馈。如果对方根本意识不到你的付出，不仅没有回报，而且仍从你这里无节制地获取，你的内心肯定会受到伤害。无论爱与被爱，爱会激发、唤醒我们的感受，让我们放大得与失的心理感受，我们对一件事的得与失、去与留的问题会更加敏感，人为地强化它对我们心理的影响。

我们是世俗的人，无论得失，都期待在任何形式的交换中获得一种平衡，当然还期待尽可能获得超值的回报。美国心理学家霍曼斯提出的社会交换理论认为，人与人之间的交往是物质与非物质的交换，它遵循经济学的规律，期望获得彼此交换的平衡。如果与陌生人之间的交往不平等，我们会放弃人情的交换，甚至通过争吵，获得心理的宣泄和平衡。如果有亲情因素的介入，我们会暂时容忍，当超过极限后，我们也会痛苦，甚至加倍地索要，这将会增加外界对我们的伤害程度，或者说如果对方任劳任怨，至死无憾为我们付出，这可能会增加我们的内疚程度。

从这个意义上说，情感与物质相比，情感的价值更容易激起我们内心的强烈感受和体验，无论是我们至爱的人，还是深深爱我们的人，都容易产生"爱我的人伤我最深，我爱的人我伤他最深"的心理体验。

知道了其中的原委，我们不应因为是所爱的人而忽视潜在的交换规律，应该理性地奉行交换价值的对等，谨慎地对待自己的交往行为。我们还要学会独立，承担自己的责任，不要过分地依赖家人、亲人和熟人，对他们合理期待，我们要做到"亲兄弟明算账"，多进行心理位置互换，奉行"己所不欲，勿施于人"的原则。

只有这样践行人与人之间的互动行为，才能避免因期望或者失望而产生的感情纠葛，远离人与人之间不经意的伤害。我们应让亲人之间的互动都化成增强亲人间的情感，最终让我们有一个轻松、愉快、幸福的人生。

爱一个人要全部包容

从事物的整体来说，任何事物都是和谐的整体。它们内部各部分互相联系，具有自我更新、保持动态平衡的特点。

父母是爱孩子的，但是由于我们是有条件的爱，忽视了孩子是一个有生命的个

人是具体的，更是整体的。我们不能选择性地爱，选择性地爱是扭曲的。

体，他具有自己个性的整体性。当我们试图按照自己的期望去塑造与评判他时，其结果往往是造成彼此的伤害，让他内心充满不满和委屈。人本主义心理学抓住了人发展问题的实质，它认为人的生命充满自我发展的力量，只要环境给个体提供无条件的积极关注，就能激发并促使个体生命的健康发展。当然，生命的发展是一个充满矛盾的过程，需要一定的时间，甚至要经受许多挫折。为此，我们要有足够的耐心去宽容和等待发展和转机的出现。我们知道：生命的发展是曲折的，甚至要走弯路，我们期待平坦的发展是不符合个体生命发展规律。因为个体是有意志的，他不会按照我们的设计循规蹈矩。生命的成长是需要个体亲历和践行的，这些也都是生命整体观的潜在表现。既然如此，那么我们爱一个人就要爱他的全部，包容他的不足。

我们爱一个人就要对他的发展充满信心。可能所爱的人身上暂时还具有我们不能接纳的特点，这些都需要我们去包容。毕竟这些特点总是有它存在的条件和环境，也是与他完整的生命联系为一体的。如果我们喜欢这个人的话，就要全盘接纳他这个整体，也就是包括我们认定的缺点和优点。实际上，每个人身上都有我们相容不了的东西，只不过接触时间短、亲密程度不深而无法了解罢了。如果有足够的时间相处、交流，我们有可能见怪不怪，甚至完全接纳对方，这正如仆人眼里无英雄一样。仆人看到的不是高大全的英雄，而是有缺点的凡人。什么是英雄呢？他是人心目中有选择地关注，是放大某些特点的人，不是一个实实在在整体的人。既然如此，何况人世间的凡人乎？更为实际的状况是，我们心目中某方面杰出的人，也有相伴随的某方面的不足，可能和所谓的优点一样，它们是相依而生的。无论如何，它们之间都达到有机的联系，是一种不能分割的整体。人世间的得到与付出、放弃与获得、美好与丑陋都是大千世界的辩证统一，生命也是顺应这种规律的。为此，我们面对任何人都应该不卑不亢，顺其自然，学会不抱怨，学会追求完美但接受不完美。更主要的是，我们要学会接纳与宽容。

法道自然，我们的一切都是一个整体。我们一方面要用心做事，另一方也面要接纳自己的不足。我们爱一个人可以明确知道爱什么，但一定要接纳完整的人。人世间得到和失去是一个事物的两方面，我们既要追求幸福与成功，但也要学会面对挫折。这些都是矛盾的对立统一，是事物变化不可分割的整体。我们对待生活，既要享受一定的权利，也要学会担当应尽的责任。任何人生的痛苦都是暂时的，痛苦与美好是相伴的，它们会一起成为回忆。

爱一个人就要接纳他的一切。

追求完美，也要接受不完美。

多一份关爱和尊重，生活更美好

社会中或多或少都会存在一些丑恶的现象，究其实质，是因为缺乏爱与尊重。爱是道德的核心和基础，有爱乃至大爱的话，无论我们是社会的精英还是平民百姓，都会爱社会、爱身边的每一个人乃至地球的任何生命，我们还会对大千世界的生命充满敬畏，做任何事就会有社会责任感。如果有爱的话，无论何时何地，我们都会奉行道义，坚守良

爱和尊重能避免伤害、健全我们的人格，能融洽人际关系，让我们的生活更美好。

心的力量重于山，时刻守护内心道德的底线，最大限度地消灭内心自私自利的恶魔，捍卫自我心灵的神圣和纯洁。如果有仁爱之心，我们也会对众生有大爱之心，努力帮助弱者，积极做更多慈善事业。无疑，如果内心守望爱的神圣，我们的社会就会到处一派吉祥、和谐与幸福。生活在这样的社会，我们每个人都是爱的维护者，也是受益者，我们还会有深深的安全感和幸福感。

如若不然，我们都是缺乏爱的受害者。纵然你有家财万贯，拥有可以威震一方的权力，也都逃不脱接受惩罚的噩运。心理学家勒温认为，人的社会行为是个人和环境相互作用的产物。我们从分析"马加爵事件"可见一斑：马加爵残杀四个舍友

的行为，取决于他个人的因素以及周围环境。对于马加爵人格存在的问题，相关报道已有深刻的分析，这里我最想提出的是他宿舍的生活环境，也就是他四个舍友对马的关爱与尊重问题。像马加爵这样来自贫困农村，有自卑或其他极端心理问题的孩子在中国高校很多，可是出现类似事件的是少数。为什么只有"马加爵事件"发生？这与四个舍友对马的歧视和不尊重有关。这些缺乏关爱的行为使马失去了做人的尊严和自信，让他感受到人生的冷漠、屈辱与无助，不仅使其对人生产生无意义感，而且令他也对这四个舍友充满失望和极度的仇恨。终于，为维护自尊，一时强烈的愤怒冲昏了马的头脑，让他实施了残酷杀戮的报复行为。如果我们认真听听马的狱中独白，可以发现马的行为不是一时的愤怒情绪。因为这次杀戮的确是一个长期思考的周密计划。尽管马加爵的相貌、说话口音、经济等诸多方面都不如舍友，使他的自尊心受挫，然而他自小认同的成绩好、脑子比较好、打牌还能赢让马加爵获得了些许内心平衡。但是，就连他引以为豪的优势竟然也为舍友所践踏，说他打牌作弊。也就是说，马加爵在他们面前没有做人的尊严，尤其有一次舍友泼洗脚水溅湿了他的鞋子。也许这是偶然，但在马的内心认为这是有意的，这让他彻底失望与绝望，感受不到人生的尊严和乐趣，激起他走上为尊严复仇的不归路。如果舍友对他表现出关爱与尊重，努力去关心与帮助他，可能仅仅一个"爱"字就能改变马加爵，也改变他们的命运。因为关爱可能使他们彼此尊重，进而使他们成为难得的好朋友。在这种爱心传递下，他们都有可能成为良好的公民，做一番对社会、他人有益的事。出于感恩，说不定马加爵能成为社会上的成功人士。无疑，他们之间的爱也会促使他们有一个美好的前程，让他们充分享受人生的幸福。

……

这个让人惋惜的故事，深深地刺痛人们的心，也使我们对当下的社会环境不得不产生诸多的思考。如果每个人多一份关爱和尊重，人人都能体会和接受这种神圣的爱，我们不仅能重新理解生命的价值和人生的意义，而且还会把爱和尊重内化为我们的道德和良心，携手促进社会的繁荣与和谐，甚至对人类的文明产生一定的影响。

为了美好的明天，为了真正做到对后代的教育，也为了留给子孙一片洁净安全的生存环境，我们应该从今天开始对周围的人伸出自己的手，拿出你的行动，多一份关爱和尊重。

爱与严厉

大凡教育孩子，我们都容易走极端，要么溺爱，要么严厉。溺爱时，满足一切要求，只要孩子高兴，快乐就行。

严厉对待孩子，多是奉行"棍棒底下出孝子"的观念。

一般严厉的父亲特别容易关注孩子的错误，他们根本没有意识到在孩子的成长中极易受外界的诱惑，在行为处事时很容易出

爱要有理智，那是说不要溺爱；严而有度，也就是严在当严处，爱在细微处。

格，犯错误。不用说，孩子一旦犯了错误，尤其出现大的错误，父母不仅把问题想得特别严重，还容易对孩子批判、惩罚得非常严厉。这种对孩子全方位的惩罚和攻击，使孩子尊严全部丧失，感觉自己一无是处。如果是深陷囹圄的犯人，父母更有可能有意识地忽视他，甚至不去探望他。然而，父母可能没意识到，若孩子失去父母的亲情和关爱，就等于割断了孩子和父母之间的爱或信任的底线。孩子会认为整个世界都抛弃了自己，由此可能开始崩溃，感觉人生无意义，表现为破罐子破摔，认为世界上没有值得牵挂留恋的东西，甚至想要结束自己的生命。

不可否认，人与人之间生存的底线是亲情，因为孩子一出生，到了这个陌生的世界，如果没有父母的爱，就会感觉到孤立无援，充满恐惧和不安。这是印刻在孩子内心深处的情结。即使孩子慢慢大了，也不可低估父母的作用。即使面临世界毁灭的虚无，能让孩子坚持活下来的唯一理由依然是父母的爱与信任。"孩子犯错，

不能连他和污水一样倒掉。"这话的确有一定的道理。对待孩子的错误应该就事论事，不能就事论人。孩子犯错或再犯错，依然是自己的孩子，是父母割不断的亲情和寄托，父母有责任去帮助他，义无反顾地去爱他。

父母应该思考生活中爱的底线与严厉的度。既然父母孕育了孩子的生命，就要一生呵护、关爱，不离不弃，尤其在孩子遭遇困难的时候，更要义无反顾地去关爱、帮助他。孩子犯错误，除了外在的原因外，还有可能是父母自身的原因。人们常说，孩子是父母的镜子，这话有一定道理。对待孩子犯错误，要就事论事。父母要多从自己身上找原因，要知道身教重于言教。批评孩子时，不要一棍子打死，更不要连他的人格尊严一同伤害。父母始终牢记：在孤立无援孩子的内心，父母是孩子永远维持自尊、充满力量和信心的支撑。

我们要把握好爱与严厉，一方面，对孩子始终无条件地去积极关注和爱，另一方面，对孩子的爱要有理智。对他的行为要有规范的要求，如果犯了错误要接受相应的惩罚。不过有一个原则，就是爱孩子，坚决不放弃。当孩子犯了错误，甚至是不可饶恕的错误时，父母也不要放弃，要学会等待，坚守信任的底线，努力用爱的呼唤，让亲情的爱融化他内心的阴霾，使孩子迷途知返，帮助他跌倒了再爬起来，在挫折中逐步走向成长。

爱是有原则的，爱也是宽容的；爱是一种等待，更是一种信任。

走进内心的方法

一次，我参加某个心理培训会议，时间不长，但大家相处得很融洽，分别时依依不舍，大有相见恨晚之感。

要走进对方的内心，就要温暖、真诚、尊重、开放、积极关注地倾听对方的说话。身体语言的交流也是很重要的。

多年以后，大家还会时常想起这次培训，想念班里的学员。在平凡的日子里，大家时不时通话，聊几句。如歌的岁月，能有这样的守望，让人多有感慨：难忘的不老兄弟，我们为何有这般抹不去的牵挂？

在不断地回味与老朋友相处的过程，许多人认为之所以难忘是因为有真情的流露，关系之所以密切是因为有心灵的交流。我认为这是一种爱，毕竟情到深处人孤独。为此，我深深领悟并总结出"走进内心"的方法：

第一，彼此介绍。

大家一开始萍水相逢，是陌生的，没有生命中的联结。但经过正式的介绍，尤其是自我介绍，大家开始以开放的心态接纳对方。这似乎也是内心的承诺：我是喜欢大家的，希望大家也喜欢我。如果人不多，大家彼此的距离又近，那么每个人的自我介绍，尤其充满不同特色的心声，就像递到我们身边或心怀的一杯水，让我们怀着惊喜搓搓手，欣慰地接过这杯温情的水。由此，我们缩短了距离，在人海茫茫中开始互相关注并走近、探索，以至于悦纳。

第二，一同唱歌。

如果是一同做活动，表明我们已放下自己，开始融入这个群体。这当儿，仿佛身边的人是自己"家"的人，情同手足，亲如闺蜜。为此，一同参与唱歌的人有必要认同这个团体并为这个群体履行职责，这是一个神圣的使命播种在大家的心田。社会心理学认为：共同的活动让我们彼此认同、接纳。如果自我介绍是个体在群体内表达自己的存在，那么一同唱歌则是启动了大家表达归属群体的心声。这个状态非常好，因为有共同的活动，才有彼此内心的表达，这既滋养了群体的凝聚力，也成了培育亲密的发动机。

第三，开放自我。

建立亲密关系是从交流开始的。随着交流的增加，大家也逐步开放自己，袒露自己的内心。人都有一些不为主流社会所赞许的思想与观念，如果能表达出来，无疑能让人拥有难言的快乐。开放自我，意味着体会到安全并勇敢表达内心的真情实感。交流易使人开放，开放又能使大家袒露内心，促进彼此更开放，由此大家越相信对方，从而促进亲密关系的建立。

第四，小组讨论分享。

社会心理学认为，四到五个人最容易产生从众。若超过七个人，就容易产生分歧了。大家聚在一起，尤其是一个小组的，不仅距离近，而且讨论的话也是彼此想说的。话说得真实，也谈得深入，就能够动心动情。特别是大家的分享，营造了一种安全、温暖的气氛，不仅互相感染，彼此坦诚相待，而且还能触发平常不能说、不敢表达的思想情感，这会让人难忘。

第五，同吃一桌饭。

民以食为天。饮食是大家共同的需要。一般认为，不是一家人、不是亲密的人是不会同桌吃饭的。同吃一桌饭，是个人私生活的表现。不言而喻，大家能聚在一起吃饭，很容易营造出轻松愉快的气氛。中国人吃饭，不在于吃，更在于交流。因为边吃边说能增进情感，这往往是中国人聚餐的主要原因。吃饭能使我们果腹，更让我们快乐，尤其是吃饭时的交流，不仅让我们体验到家人的感觉，还让我们有美好的回忆。

最后，手拉手。

身体接触是在表达亲密，身体接触越多，情感联系也越密切。大家由于某种活动而聚在一起，仅有思想交流是不够的，情感发展的方向是相互拥有，彼此坦露。不用说，身体接触是表达接纳与亲密的最高标准。有人说，一起说话的不如能一起吃饭的，能一起吃饭的不如能一起睡觉的。实际上同住在一起，就是身体的接触。大家在一起相处，有吃有交流，还有身体的接触，这些都是人表达情感的方式，也是亲密关系的进一步加深与升华。

这些是逐步走进内心的方法，也是一种爱，它们满足了人们沟通的需要、归属与爱的需要，甚至是亲密的需要。短短几天，大家因思想与情感的充分交流而变得彼此不分你我，情同手足。因为朝夕相处，大家思想和情感释放得太多，以至于分开以后往往会惘然若失。毕竟在一般生活中，这是少有的坦诚与表达，少有的真实自我的呈现，所以大家非常怀念。

这些走进内心的感觉真好，我们不能忘却，也会时常想起。

有一种爱：呵护心灵

悦纳自己是心理健康的一个标准。悦纳自己就是爱自己，不仅是爱自己的身体，更重要的是爱自己的心灵。如果一个人不热爱自己，就不会珍惜自己的生命，也不会真正爱别人。不过，在呵护、爱自己的路上，我们可能会迷失真正的自己。要知道，我们爱自己的核心是给自己身心的自由，做自己想做的事，释放自己的创造力和想象力。

我们喜欢生活简单些，以腾出更多的时间去做自己想做的事。毕竟，人的精力和时间都是有限的。古代很多杰出的画家、书法家和文人，为了做自己喜欢的事，他们多

生活可以很简单，也可以很复杂。简单可能是为自己，复杂可能是为了面子。简单可让我们关注内心的需要。

隐居山林，或蛰居民间，穿粗衣食淡饭，把自己所有的热情和热爱倾注于笔墨，殚精竭虑，终于修炼为旷世奇才，写出千古绝唱的佳作。他们留给后人的精神硕果是沉甸甸的，常常让我们赞不绝口，甚而顶礼膜拜。这些杰出的成就与他们追求简单的以至于不为人知的生活形成鲜明对比，人们由此诠释出人生的哲理：人有所不为才能有所为。只有简单的、花费心思少的生活，才能在心仪的事业上产生丰富的思想，达到精湛的技艺。这是一种为自己而活的生活，明白自己需要的是什么，更知道自己是为了心底的需求与宿愿而奋斗的人。

平心而论，我们都喜欢生活舒适些，极力让身心享受世间的一切美好，这是人

之常情，也是对自己的一种关爱。为此我们的房子越来越大，各种想得到的服务设施不断增加，然而豪华的生活、复杂的享受让我们头晕眼花，身心消受不起。终于有一天，我们渴望逃离这一切舒适，过简单的生活。因为越是简单的生活，我们的感觉就越敏锐，越能真实、细微地感受到滋味的甘醇、音乐的悦耳和世界的美好。更重要的是，我们是自己的主人，我们的心能驾驭自己的生活，我们可以像鸟儿一样飞翔在天空，无牵无挂地遨游四方。

人要活下去，需要生理的满足，不过生理需要的过分激发易使人迷失真正的自己。正如一日三餐能满足机体所需的营养和能量，衣着、居室能满足身体的温暖和身心休憩的舒适。然而，过于注重口感和生活的享乐，以及名气与派头，都会点燃我们的贪欲，像飞蛾一样扑向名利的火，让我们追逐与攀比，结果使自己开始偏离本性，极有可能将滑向万劫不复的深渊。因为追求感官的刺激与满足，势必会摄入过多的营养而累积成身体的垃圾，起居的过分舒适会让人远离大自然的清新空气，也隔开了与他人的交流，这慵懒的生活不仅僵硬了我们的筋骨，还消磨了人的意志，更主要的是让人失去生活的激情，让我们迷失了自己。

回首我们的人生，我们一方面追求舒适的复杂生活，另一方面内心又渴求非黑即白的简单。这种心理会让我们不断思考：人生究竟是为谁活着，是物质享受、派头、身份、面子，还是无人问津的潜藏于心底的那个真实的自己？一句话，我们追求的是放飞的心灵，让真实的身心自由翱翔。

众所周知，人的想象和创造是无穷的，它们可以引领我们在生命的长河中畅游。虽然这条路可能会充满荆棘，但我们有心底真实的自己相伴而行。我们不会疲劳，也不会寂寞，更不会孤独，因为这是在履行自己的使命。这是一种伟大的幸福，因为现实生活中走的每一步都忠实于自己生命的本源。无论如何，人生的轨迹与其说是现实的我唤醒了内心的自我，还不如说是内心真实的自我召唤了自己人生行走的路和方向。

人在旅途悦纳自己，就是关爱心灵的自由，跟随内心的召唤。

无论走在哪里，我们都要呵护自己的心灵。

闲适

昨晚回到家，我吃完饭洗了个澡，去沏了一杯茶放在床头。我宽衣解带后，躺在床上，悠闲地闭上眼，享有一种舒泰，顿觉白天赶路的劳顿顷刻全消。

屋内很静，熟悉的物件散发出亲切的温暖。只要多盯几秒，我就会忆起过去的故事……

久违了，这种美妙的体验，我好长时间都没有这样的感觉了。现在的生活似乎是陀螺一

我们一直寻找身心的舒泰。身体有个家，可以宽衣解带，赤脚行走大地；心灵有个家，可以放空、冥想。

样，被人抽着不停地转。人闲不下来，每天都有做不完的事，真是人在工作中。就连见人打招呼，都是问最近忙什么。何时能喝一杯茶，静下心想过去的事？我认为此刻的偷闲也是现代人的一种奢望。

穿着宽松的衣裤，慵懒地卧在床上，看天花板幽暗的灯，或听着怀旧的音乐，或想久远的事。我想，这就是闲适的境界吧！

这是怎样的一种美妙呢？我想，它应该是这样的一种风景：

周围很静，只有你一个人。没人打扰，也没人催你，你内心很静，没有其他事的烦扰。这是属于自己的生活，似一股缓缓在山间流淌的小溪。这是平静的生活，没有内心的焦灼，也没有官场的争夺，此刻的世界只有你一人，周围的一切属于你。世界仿佛都为你而宁静，为你而开放寂寞。然而，此刻的你是无欲无求的，你只想拥有自己，你是一个淡泊的人。你可以不说话，只听自己的心跳；你可以品尝

寂寞，想遥远的孤独。

这个片刻的凝固，似乎世界与你一体。虽然你不做什么，但非常美好，你不是百无聊赖，也不是闲得没事，而是在享受时光，触摸自己真实的生命。虽然你可以呆坐着或躺着，但你与流动的光阴相伴，享受着毫无声息的时光的韵动。这可能就是人生追求的内心逍遥，也是外表呈现的难得的闲适。

闲适是一首诗。你可以看窗户的一片叶子，可以欣赏天空的一朵白云，可以闭着眼，耳闻远处风吹树叶的沙沙声。你还可以坐在屋后的小院，呷口茶水，聆听邻居孩童传来的嬉闹声，你还可以在寂寞的黑夜里怀念记忆长河中的朋友。

这是一种无名的闲适，是属于自己的时空，是活出真我。我们少有这样的闲情逸致，我们已被名利、物质所绑架，行走在打打杀杀的竞争中。许多人都似行尸走肉地活着，他们不仅没有了感觉，也没有了灵魂深处的鸣唱。

当下有一种心理养生的方法叫冥想，我当下的状态就似心灵放松的冥想，也是一种对自己的爱。

今夜，我放下了所有，我找到了内心深处的呼唤，我在聆听心灵的呢喃，我在心底放飞自己的小夜曲，我在梦中重温儿时的故事。

闲适，是心中不能忘却的一首歌。

第三章　幸福

　　幸福是每个人的情绪，也是每个人渴望得到的。心理学认为，环境、生理唤醒以及认知影响着人们的情绪，其中认知评价在人的情绪产生中起着决定性的作用。只有了解了幸福，人们才能评价自己的幸福，拥有以及享受自己的幸福。虽然幸福有普世的观念，但更重要的是，每个人都有自己的幸福观。幸福是一个主观的体验与感受，所以模仿别人、为外界所诱惑，都只是迷失了自己内心的需要，不可能获得发自内心真正的幸福。

　　认识幸福，努力做事去获得幸福，这是我们永恒的人生目标。

什么是幸福

　　每个人都在追求幸福。如果要问什么是幸福，估计有几个人就会有几种不同的说法。若想找到一个相同的答案真的很难。这足以说明幸福对我们都太重要了，都打上了独特的、不同的人生烙印。

幸福不是写在脸上的微笑，而是发自内心的微笑。

　　但是如果对"幸福"这个词没有比较明确的界定，就很难评判我们是否幸福，也很难帮助不幸福的那些人。

　　抛开其他认知的描述，从内心共同的体验上，我认为幸福是积极愉快的体验，是内心的和谐和身心完满的状态，这类似心理学家马斯诺描述的高峰体验。幸福取决于每个人敏锐深刻的感悟能力，用任何瑰丽、华美的语言都无法描绘。具体来讲，幸福可以从以下三方面来理解：

从愉快的体验来说，幸福取决于人的需要满足。快乐就是客观世界满足人的主观需要的内心体验。需要满足了，人就获得了幸福，但是一定要满足自己内心所产生的需要，而不是别人好心给予你的。所以，当追求幸福时，你要问问内心究竟需要的是什么。我们很多人是在别人的夸奖中长大的，为了获得心目中重要人物的褒奖，他们往往牺牲了自我，忽视了自己的需求。还有一些追求完美的人，往往为了面子和自尊，盲目攀比，取悦他人。他们的需要就是在别人心目中有优越之处。这两类人虽然都是在不断地追求幸福，却始终与幸福擦肩而过。他们在追求幸福的路上一直充满抱怨、妒忌、紧张和不安，究其原因，是这些人往往不知道自己真正需要什么或什么都想得到。

从内心和谐的状态而言，幸福是人的观念和行为一致，尤其是人的各种观念是逻辑一致而没有冲突的。人对自己的过去、现在和未来的看法具有同一性。这些说法在本质上是强调人是一个整体，内外统一，身心一致。处于这种境况的个体，他们没有焦虑不安、冲突，思想和行为一致，内心如一泓清水，清澈见底，犹如孩童。他们没有阴谋诡计，也没有被人算计的顾虑。他们心地纯真，敢哭敢笑，常常表现出眼泪还未擦干已露出笑容。这些人是内心真实情感的流露，他们活得轻松，内外一致。

从身心圆满的角度而言，幸福是一种忘我的状态。我非常喜欢在幼儿园门口欣赏孩子们的表情，体会他们内心的纯真，捕捉他们专注的眼神，玩味他们内在自我的流露。这种感觉很好，仿佛与他们融为一体，如果入神了，就会发现他们之间的玩耍也非常有趣。他们活在当下，聚精会神，既专注也容易受外在影响，内在自我与外在自我过渡自然，浑然天成，没有丝毫的矫揉造作。我认为，整个身心都能专注于当下，融入自己的内心世界，这种身心圆满的状态，不仅是身心一致、和谐，而且是活在自我的内心世界中。我认为这是人生最大的幸福，身心处于忘我的境界，它与周围环境融为一体而又活在自己的世界之中。

幸福是每个人的自我体验，旁人无法深入你的内心去体会、分享。真像不能说的秘密一样，说了别人也不理解，想说也说不清；若说清楚了，那种感觉、体验也就变了。幸福真像一个完美的艺术品呈现在我们面前，强调一处就忽视了另一处，只能把整个身心完满的幸福状态全然地呈现。

幸福在哪里

人生在努力获得幸福，幸福在哪里？许多人追求一生也未获得自己认为的满足，可能在别人眼中，他已是很幸福了。虽然幸福的来源是人的需要的满足，但是幸福只能从人的内部世界寻找，人的幸福不在外部世界中。

一旦人的物质需要被激发，外部世界就无法满足人们的欲望，比如说

幸福在日常的小感动中，在自己内心深入温暖的体验中，在每一个平凡的惊喜中。

对权力、金钱、财富、美色等的占有。为了这一个个的需要，人们只能活在不断满足欲望的角逐中，以及担心失去优势的焦虑与恐惧中。为了满足诸多的物质需要，人们只有不宵朝夕，永不停步地参与竞争。在这种欲望驱动下，人们是无法从外部世界获取幸福的。难怪中国流传这样的谚语：知足常乐。这是人内心的精神需要。评判"知足"的标准，其实质是人们内心的认知问题，是人的内心感受，也就是价值的判断。所以，为了获得这种幸福，我们要调准方向，不是从外部世界无止境地获取和占有，而是尽可能地从内心去寻觅、领悟。

幸福是不能度量的，不能说最大或最小的幸福。人类精神的东西不能用物质世界衡量经济的方式去标定。

为了获得约定俗成的成功，我们在各行各业中奋斗、打拼，在比较中获得赞誉，在竞争中获得优势，这种动机容易激起我们的攀比，不断地去获取更多的成功。我们很享受这种"大""全""多"的占有感，以及别人投来的羡慕眼光。世人也会认为，他获得了一辈子都享有不完的幸福，他一定高兴，甚至幸福得睡不着了。的确，他确实睡不着觉，那不是幸福的享受状态，可能是内心焦虑、不安与恐惧。他困惑如何维持自己耀眼的富有而不落伍，他为难不知怎样更好地协调因财富、名声而滋生的各种社会关系。他苦恼，为何一刻不停地忙、应酬，怎么无暇享受片刻的宁静？他也许会思考自己是否幸福，叩问内心自己为什么而活着？显然，他不明白别人眼中幸福的他，自己却感觉不到幸福。这说明幸福是不能从经济利益最大化的原则去评判的，也不是简单的加减法算出的和。幸福是个人精神层面的东西，别人用世俗的观念很难理会，精神层面的东西不适合用物质世界的规则进行运算、衡量。

幸福不能说最大或最小，同样，幸福也不能进行比较，幸福是内心世界圆满的状态。饥饿时任何果腹的食物，都能获得身心的满足和愉悦。既然是任何食物，那就没有贵贱之分了。地瓜、甘薯和大鱼大肉对饥饿者都一样，所以人饿了吃什么都香。当然一定是饥饿时，吃东西才会有真正的幸福感，什么东西都好吃。

饥饿的乞丐吃到食物的体验与身无分文的彩民中了大奖那一刻的幸福、快乐是一样的。当摆脱世俗的经济观点，用心去体会，就会发现两者都是身心完满愉悦的状态，没有幸福的大小的区别。一个人即将与相恋的人结婚，另一个人马上与他不爱的人结束痛苦的婚约，这两件事不一样，但当事人都是得到自己渴望的东西，他们体会到的幸福都是同质的，不可能说谁比谁更幸福。

幸福是一种精神与身体一致的愉悦状态，它来之于内心的体悟和感受，不能用外界世俗的观念去评判多寡。幸福的获得仅靠等待是不行的，它需要我们从日常生活的行动中去获取。

幸福存在我们的内心，只要我们用心去做事，而不要考虑价值的多寡，它就会出现，也会召唤我们，吸引我们加快步伐去追赶。

幸福在天边闪耀，却不能在天边等待，它潜在我们内心的守望中。

幸福的感觉

片断一：今天到业主家做活，先谈好价格，转身去拉几个工友来帮忙。傍晚干完活，掸掉身上的尘土，洗手后接过工钱，说声"没错"，便招呼其他工友收拾工具走。

他们内心充实，做完该做的事，获得想要的东西，就有成就感。虽然可能没有爽朗地笑，但他身心是沉浸在心头的满足和幸福中。

幸福不只是微笑，而是从内到外整个身体的微笑；幸福不是梦，它在我们日常的生活中。

片断二：细雨霏霏的晚上，有兄弟俩在火车站骑三轮车载客拉人。我和同事出差到这座城市开会。很不凑巧，夜太深，出租车很少了。小哥俩非常热情地招呼我们："叔叔阿姨坐我的车，我们抄近路，保证拉到。"弟弟极力帮着哥哥劝说："坐我们的车，可以欣赏这里的夜景啊！"难忘的是那清纯、渴望的眼神，一瞬间的冲动让我决定坐上了他们的车。也许是内心想帮助他们，我们婉言谢绝了前来的出租车。

哥哥骑，弟弟推，车轮开始转动，速度也慢慢快了起来，只见弟弟就势一跃，坐在包箱后面的小凳上。"大叔、阿姨，我们这城里可好了！你可以到某某地方逛，你可以吃好吃的什么……"他们不时热情地搭话，好像生怕我们产生不适与后悔。遇到一个上坡，车速有点慢，后面的弟弟机灵地跳下车，从后面推。他一边安慰我们："没事的，坐好了，就这一个坡。"实际上，我们根本没在意车子和路途的不适，一心只顾欣赏沿途的景致。小哥俩的对话从嘈杂的喧闹中跳出来，飘进我的耳朵。他由于有地方口音，我只能听懂个大概，大意是今天赚了多少钱，明天可以休息一天，去什么地方玩，今天结束可以到什么地方吃饭，等等。他们对未来充满的憧憬以及完全专注的眼神，怦然触动我的内心，让我感动，让我沉醉在他们的幸福里。我扭过头看着他俩，感觉他俩非常美，非常可爱……

他们能左右自己的生活，对未来有期待，完全专注于当下的活动，这是一种幸福。它平凡、质朴，每时每刻都会发生在我们的生活中。

这两个幸福的生活片段很平常，生活中俯首可拾。

"幸福"是眼下最火的词汇，我们都在追求幸福，不仅各类书籍向我们推荐了达至幸福的途径，还有各类成功人士做客电视荧屏，展示他们的幸福——快乐和成功。这些大众传媒给人们描绘了比较遥远、很难企及的幸福。我们除了羡慕之外，就是搅动了我们的内心，不满于现实。于是，我们渴望寻觅捷径，梦想快速成功和幸福。有些人铤而走险，去获得不义之财；还有一些人无视道德和法律，巧取功名利禄，享受奢华的生活。不幸的是，他们终会东窗事发，从而银铛入狱……

其实，幸福是一种主观感觉，不是财富、官位、声望以及征服高山与沙漠的成功，等等。幸福是一种来自生命中的体验，执着地追求却未必得到，因为整个人都被痴迷占有，很难感触到内心深处的平静和祥和。佛如是说：爱欲之人，犹如执炬，逆风而行必有烧手之患。妄、顽、嗔、执的人往往为外界的目标蒙蔽双眼，这山望着那山高，心情浮躁，一味在寻找与得到，处于永远的欲求不满之中。

幸福的体验类似于人本主义心理学家马斯诺描述的，是自我实现者的高峰体验，它能让人感受到一种发至心灵深处的战栗、欣喜、满足、超然的情绪体验，进而获得人性的解放、心灵的自由。有这种体验的人往往会关注于自己，没有丝毫杂念，他的外在活动和内心活动是一致与和谐的。

文中的两个生活片断，主人公的身心都处于专注于当下的活动，内在和外在融为一体，他们沉醉、享受内心的宁静和平和，忘记了外界的一切，与从事的活动融为一体。这种感受延续到他们拿到工钱，或者我们坐上他们的车，这些也是一种幸福，是他们对自我的最高认同，也是自我效能感的表现。无疑，在这种理性认识里，流淌的则是内心成就的体验。

有幸福体验的人并不能说就是一个幸福的人，幸福的人不仅活在当下他们专注的活动中，还会把这种幸福的体验延续到以后的生活中，他们完全认同自己生活中的处境和表现，有自己的梦想和目标，能从眼神中流露出内心的快乐。他们内心平静，不受外界的影响而大喜大悲，按照自己的生活节奏做当下的事。即使一件简单的事他们也做得专注、有滋有味，他们沉浸其中，表现出饶有兴趣，还不经意做出一番有特色的结果。

获得幸福及体验是我们追求的目标，它不神秘，也不是不可以企及，它存在于我们内心，存在于我们日常的生活中。

只要我们专注做事，不计后果；只要放下自我，潜心于当下的活动。

幸福不遥远，就在我们当下的生活中，在我们内心的生命里。

沉醉

喝酒的人，当喝出三分醉意时，往往随性嬉笑怒骂，说想说的话，狂歌乱舞，全然没有往日的矜持，只求内心的酣畅淋漓。这大概就是喝酒的境界。

这是非常美的状态，也是真正自我的释放。民间有句通俗的表述："老子终于做回了一次真正的自己。"用精神分析的话来说，就是本我、自我与超我达到和谐统一。不管

沉醉是幸福的体验，沉醉是意志的自由，也是忘了外界的一切。

干什么，我们都有可能进入这种状态。有一句话叫作"某某做事进入了状态。"这是沉醉的状态，它无视周围或者说忘却周围，一切都是生命内心的流动，整个人处于"无我"的境界。

一个人醉心于当下的活动，身心也会进入这种美好的时刻。比如说唱歌，他不仅是用嘴巴发音，还用整个身心歌唱，歌声与人融为一体，能对周围的观众有强烈的感染力。当置身于这种环境中，我们会被他用整个生命的歌唱所打动，会情不自禁地拍手叫好。这是心理学家马斯诺描绘的"高峰体验"。曾有个学生用"禅"去诠释它，说这称之为"坐禅"。他饶有兴致解释："禅"离我们不远，并非佛家盘腿而坐、闭目念经的打坐。实际上，只要我们专心于当下的活动，进入"无我"的状态，这些都是坐禅。我认同他这个说法，禅、入定、冥想、打坐、静修等，其实都是让我们放下自我，忘却尘世的一切而进入内心的一种专注状态。这是一种身心能量的彻底释放，一切活动都是下意识的流动，它们是自动化的。这些活动的一切都是发乎于心，情致所动，顺其自然。这种状态引导我们身心的活动如行云似流水，好像没有生命，只是随遇而安。其实，它是有生命的，只是秉承道法自然，无为而为。我领悟道家的清静无为，可能就是这种人生境界吧。

我曾经乘公交车外出，无意间发现不远处坐着一个抱孩子的民工。他沐浴着春天温暖的阳光，慵懒的身子正有几分睡意。他一只手轻抚怀里熟悉的孩子，另一只手随着车里播放的音乐打着拍子，甚而头和脚也和着节拍抖动。他的整个身体融化在音乐中，他的状态深深吸引了我和周围的乘车人。可以说，他沉醉其中，似一个完美的音符。直到下车，我和他一样从那种状态中依依不舍回过神来。我目送他远去的背影，他带走了我非常美的一种体验和感受。

还有一次吃完酒饭，我随性而发，与朋友去唱歌。有个朋友唱得很投入，激情高涨之时，浑身有节奏地舞动。他掳走大家的心，我们不停地为他叫好。他的身心是完美的一体，我们欣赏他忘我的举手投足，感悟他歌唱的心声。

这强大的力量慑服了我，令我也不由自主动了起来。这是一种召唤吗？我不知道。我用心去体验，品尝这生命的沉醉——癫狂。他举手投足都是音符，都是流淌的歌。此刻，我头脑掠过一个词——"歌者"。

他的歌声一结束，什么都没有了。

我的头脑禁不住思考什么是歌者？他是唱歌的人？不对，这不是一种谋生的职业。我认为应该是一种用生命唱歌的人，也就是视唱歌为生命的人。这是一种人生"爱"的境界，只要醉心于所爱的活动，就会用生命去呵护、滋养。他每一次的歌唱，都是生命真实的呼唤，感动自己的同时也让自己沉醉其中。这真是发乎于内，染乎于外。这种生命的力量如此强大，以至于带动周围与他一同歌唱。

这是无与伦比的体验，然而我们却越来越少感触到。因为我们不能放下自己，做事情三心二意，没有完全沉醉于当下的活动中。如果对当下的活动不喜爱，仅仅是完成一种任务，就会人在做事、内心却想着其他事。这既是几许无奈，也是耗竭生命。久而久之，不仅生活的热情荡然无存，而且会压抑生命的创造力，根本感受不到生活的乐趣。

沉醉是一种人生境界，也是一种生活哲学。这是一种美的享受，是生命的本性使然。只要在做任何事的时候不要太注意结果，我们全身心于当下的活动，就能进入这种沉醉的状态。

一句话，我们只有专心于当下的活动，顺其自然，才会忘记周围的一切，享受真正的"沉醉"，享受真正的生命美好。

平安是福

中国传统文化认为：平安是福。在国人心目中，生活要平稳，勿大喜大悲，这是人生的一大幸福。无意中的大喜，意想不到的悲痛，这些都会使人的身心处于激情或应激状态，加重引发情绪的交感神经与副交感神经的负担，从而损耗人的精力，甚至危及人的生命。

家人平安待在一起就是家的幸福。生命是宝贵的，平安是无价的。

平凡的日子是平安的，但这需要我们循规蹈矩地去维持。如果违背了社会的法纪伦理，我们可能一夜暴富。然而，这会扰乱我们正常的生活秩序，让我们的内心产生不安，恐惧也会与日俱增。

人的一大弱点是羡慕或嫉妒别人的优越，如财富，权力和相貌等。他们的富有和权势强烈地刺激着我们，可能会激起我们内心的不平衡，想拥有的念头会蠢蠢欲动。毕竟获得这些优势会让我们拥有面子，能显示自我存在的价值，可以让我们摆脱自卑、落后的现实窘境。为了这种尊严，有些人会发奋图强，努力走一条艰难的路。虽然能走到最后获得成功的人，往往寥寥无几，但这种人是生活中的强者，令人们崇拜，他们是这个时代的精英。

与之形成鲜明对比的是另外一些人，他们不愿做长期艰苦的努力，想走捷径，期望一夜暴富。他们为此可能投机钻营，与法律、道德打擦边球，千方百计谋取暴利或不义之财。当然，他们终会落得身败名裂的下场。

还有一些人，通过杀人放火、明争暗抢、强取豪夺，以实现快速占有财富的梦想。他们根本没有人性，奉行的人生信条是"人不为己，天诛地灭"。他们没有道德底线，披着人皮却做着恶魔的事，膨胀的欲望刺激他们疯狂地索取。为了安全，他们努力编织一个个骗局、假象；为了掩盖谎言，他们又编制新的谎言。谎言编得越多，不可避免地，涉及的人也越来越多，其结果是越来越不安全。然而，天网恢恢，疏而不漏。谎言迟早会露了马脚，强盗的罪行终究会暴露在阳光下，受到法律应有的惩罚。

为了避免这种可悲的事情发生，获得一个祥和、平安、幸福的人生，无论在哪里，我们都不要迷恋、嫉妒别人奢华的生活，一切行为方式都要遵纪守法。我们的人生要奉行"君子爱财，取之有道"，我们得到的一切财富都要经得起法律、伦理的拷问。

平安是我们内心的强烈呼唤，我们要做一个诚实的人，要与人为善，勤勉工作，堂堂正正做人。无论如何都要记住，我们需要自尊，但不需要虚荣和面子。

平安是福，我们要珍视生命，始终牢记莫取不义之财，做任何事都要坚守法律和道德的底线。

幸福的三境界

老王是我的一位同事，有次下乡到学校听课，就在洒满阳光的露台上，我们就"幸福"展开讨论。因为在一般人的心目中，他是我们学院最幸福的老师。为什么这样说呢？因为他开宝马，课讲得好，孩子出国了，家里还养了两只狗。不仅如此，他在任何会上都敢于发表不同的看法，且嗓门洪亮。他平常说话爽朗，笑声不断。他是常人眼里的的确确的"幸福"，所以我想从他嘴里了解"幸福"。

与朋友交流是一种快乐。他不仅理解你，还能激发你领悟许多，由此你会获得心灵的成长。

当我问及他何为幸福时，他大声说："幸福有三个境界：一是有梦想，也就是人要有事做，得有个未来的打算；二是随心所欲，干自己感兴趣的事；三是获得成功。"他还说，不喜欢做的事即使给他钱也不做，喜欢做的事，花钱也愿意干。说完，他笑道："这叫用钱买快乐。"在说到这些想法时，他先笑，然后是很认真地诠释他的体验及观念，表达完之后，便是开怀大笑。他的笑声无所顾忌，往往引来身边人的回首，甚而感染旁边的人也莫名地笑起来。每每触景生情，我也会随他快乐地笑起来。然而，对他的说法我不完全赞同，思忖片刻，我悟出了什么，对他说："老王，你说的幸福三境界，前两种我认同，后一种最高的境界，应该是'忘了自己'，正如你此时此刻沉醉的笑。"

他停止了笑，认真思考我的话，点头赞同。

短暂的交谈结束了，我意外领悟到幸福以及幸福的三个境界。幸福是主观感受，对一个常人而言，是基本生活目标的达到，生活无忧无虑。脱离现实生活，纯粹精神层面的幸福是不可取的，不食人间烟火地追求精神的愉悦，也是不能持久的。这正如古人很早就说过："仓廪实，而知礼节。"人首先要保证活着，能生存是最大的需求，这也是老百姓的幸福观。西方心理学家马斯洛也提出人的生存需要，即生理的需要、安全的需要以及尊重和爱的需要，满足了这些后，人才能追求精神的，乃至自我实现的需要。

针对个人而言，幸福也可能存在于追求生存的满足中。对于贫困者而言，能吃饱饭就是他追求的幸福。千百年来，人类与自然斗争也就是克服自然的各种限制，获得生存乃至更好地发展。无论任何时候，生存与发展都是人类终极的追寻。明白了生存是人的第一需要，那么发展又是指什么呢？不言而喻，发展是自由，是自我潜能的发挥，是自我目标的实现。人的发展就是克服或超越自然的限制，由必然王国走进自由王国。实际上，如果人生就是人在旅途的话，那么我们就是走在由必然王国到自由王国的路途中。

行走在这条漫长的路途中，我们每个人都在梦想幸福、追求幸福、体验幸福，以及在享受幸福。在这条对幸福朝圣的路上，由于先天禀赋、自我努力以及外界环境提供的机遇的不同，每个人达到或体验的幸福是不同的。所以，我想说：幸福的三个境界就是对人获取幸福之路的具体描述。

第一个境界，人要有梦想。人要有事做，人的精力总是要找个地方宣泄，这是极普通的道理。然而，有梦想的人就会有精神寄托，生活就会有盼头，当然，每天的生活也是充实的。没有梦想的人，如同没有精神地活着，他们除了满足生理需求外，别无其他高尚的追求。他们这种只追求物质刺激的人，物质欲望极易膨胀，进而触犯法律而沦为社会的罪人。显然，这主要是他没有更高的目的追求，自我存在的意义也低，进而造成他们违法的成本太低。还有一种可能是由于他们内心比较脆弱，一旦遭遇挫折，他们极易产生"破罐子破摔"的心理，从而走上轻生的道路。

所以，有梦想的人才能拓展自己生命的价值，才会热爱生活，他们不仅会活得快乐，而且对未来充满信心与向往。

第二个境界，随心所欲。人即使有梦想，但在追梦的过程中如果到处充满困难，这种苦行僧的日子往往会让人失去继续努力的动力，因为在困难重重的漩涡中，他们无法体会到快乐与幸福。如同艺术家在创作的低谷时，在追梦的道路上苦苦挣扎，不能恣意挥洒自己梦想的力量，艺术创作也得不到社会的认可，所以很多人就会忍受不了精神的痛苦而走向自杀。相比而言，只有那些没有内外困难的人，才能跟随着内心的呼唤，潜心于自己所做的事，也就是说能"为所欲为"的人，才是幸福与快乐的。这是一种身心合一的境界，内外没有任何羁绊，身心是自由的，自我的创造力得到了彻底发挥，这就是随心所欲的境界。

第三个境界，忘了自己。古人讲"天人合一"。我们是自然的一部分，人来自自然而归于自然。自从我们有了意志就开始离开了自然，并把自然作为人的对立面。人的意志力体现就是对自然的役使与改造，结果是遭受自然的严厉惩罚。为此，人要与自然和谐相处，克服自己的狂妄自大，才能获得自然的呵护与爱。这就是在哲学层面上人为何要在自然面前忘了自己。对个体而言，忘了自己就是自己和从事的活动之间没有丝毫的芥蒂，如古代的庖丁解牛，人不是杀牛，而是做一件艺术品，他整个身心都融汇于当下的活动之中。当有自己存在的意识时，表明我们与意志的对象物之间还存在距离，还存在让人意志不自由的地方。忘了自己就是我们心灵的彻底自由，是无往不能的极致，这好比一个醉汉干了什么自己事后都不知道。所以，忘了自己这是一种难以名状的幸福，是个体与当下的活动合二为一。

这就是幸福的三个境界，这是那天我和老王就幸福而讨论的结果。

那一天，准确地说，是那一刻我很幸福，我们醉心于交流，我忘了自己，他也忘了自己，这才醒过来让我有"忘了自己"这种美妙境界的领悟。

每每回想当时，老王天真的神态，时不时爆发的笑声，都让我感受到另外一种幸福：能体会并欣赏别人还不知道的快乐，那也是一种超越身体的心灵快乐。

有一种幸福：专注做事

只有努力做事，我们人生的价值才会转移到创造与奉献上。当人生远离功利与索取时，我们的生活才能够达到难得的淡泊，这让我们气宇轩昂，无视亲近任何职场的帮派。如果心思放在投机取巧、找靠山上，那么我们将会陷入得失的计较中，也很难开心。心理学认为，不良的情绪容易导致心理疾患，这应了流行于职业白领间的一句话："做事累不死，只有不满的积怨气死人。"显然，只有内心定位是好好做事，我们的身心才是健康快乐的。

专注做事是我们社会推崇的。人人都认真做事，整个社会就能和谐与进步。每个人敬业做事，就能找到存在的价值和快乐。

人要活得有尊严，就要让这个团体会因你的加入有希望增加他们的影响力。这些荣耀都取决于我们自己的品德与才能，取决于对这个团体的价值与贡献。无论我们在哪里做事，都要为人正派，积极谋求团体内的和谐与团结，不要加入小帮派，更别议论别人。我们要秉承五湖四海皆兄弟，不要拉帮结派。帮派的争斗只会损耗集体的凝聚力和战斗力。因为无论靠近谁，你都会树立对立面，它都可能对你的发展产生负面的影响。三十年河东，三十年河西，这说明未来是不确定的。世事是变化的，只有靠自己努力地做事，我们的生命价值才越发熠熠生辉。这似淬火的刀，因为水火交融，才坚韧无比。多做事，如同生命的锤炼，人生只有经历做事的洗礼，尽能力卓越，赢得大家的认可，才会让内心越加坚强，即使走在风口浪尖，也不会被任何外力压垮。

专注做事，在做事中不仅体现自己的价值，还滋生我们要有大爱的情怀。好好做事，精益求精，极有可能做出一些成就而在社会上产生一定的影响，我们由此可以走进社会的不同人群，展示思想，交流自己的成果。我们的人生活动因此而得以拓展，认识更多的人，参与更多的事，也为社会做更大的贡献。我们的心界也逐步打开，不仅能容纳更多的活动主题，生活也日益丰富。不用说，你的"小我"，渐渐发展，蜕变成"大我"，这个变化使我们走出身边的团体，进入社会更大的舞台。更重要的是，我们的精神境界也会发生转变：由自爱产生大爱。在实现自我、造福社会中，我们也会获得更多社会的关爱和尊重。

待到暮年，当回首平凡的一生，我们一定会欣慰：我们快乐地做事，有尊严地活着，我们曾享受那么多人的厚爱。这是人生的一种超然境界，它让我们有快乐、有尊严、有大爱。

记住，为了明天享受超然的生活境界，从今天开始，我们就要把自己的人生定位于"专注做事"。

幸福是自我意志的体验

人长了腿是要行走的，仅走平路是没有意思的。只有不断挑战自己，走坎坷之路，那人生才充满无穷的乐趣。

看山喜不平，这是人的天性。每个人的生命只有亲历了生活的各种滋味，才显得具有非凡的意义，也表明你曾经在这里存在过。这也是人生的一大幸福。

人生是一个过程，幸福是一种体验。演戏最大的魅力是拥有各种情绪，体验各种人生。人的各种经历都是人生的一种幸福。

所以，为别人设计自己认为的所谓最便捷的路，其实那只是自己意志的表现，是我们自己的人生体验。这是自我意志表达的一种幸福，不是别人内心所认同的。当然，践行这种设计，也是别人一种削足适履的痛苦，无丝毫内心的幸福。所以我们为别人设计的结果，都未必如我们热切向往的初衷。一句话，生命就是实实在在地走过，幸福就是体验人生的成功与失败。我们只有亲历人间百味，才能懂得人生，确切地说，应该是享受了人生。

人常说：婚姻是自己穿的鞋子，是否合适只有自己的脚知道。每个人的人生是不同的，生活中的幸福与不幸也只有自己知道。幸福是自己体验的，所以从来都没有抽象的幸福，幸福都是具体的，更是相对的。曾在监狱中被囚禁过的人，他对自由的渴望，以及对出狱后那自由生活的体验，与我们习以为常的体验是不同的。我们可能体会的是平淡，而他品尝的却是热望的自由。

人最大的误区是把自己的观点强加于别人。这其实是我们不尊重他人的生命，也是我们不懂得宽容，总是戴着自己的有色眼镜去观察外界，用自己的"幸福"去雕刻别人的幸福。在现实生活中，亲人之间常出现的反目为仇，这都是出于对亲人"爱"的绑架。当我们爱一个人时，往往把对方当作自己生命的一部分，也就是纳入自我的概念中。结果越爱对方，我们关注得越多，不由自主就会设计得越细致。殊不知，你心目中的爱对对方而言，是一种忽视他存在的强迫，甚至是扼杀与摧残。结果是剥夺了对方获得人生幸福的权利，造成"爱我的人伤我最深"的局面。

教育是什么？是帮助对方身心健康，获得人生的幸福。为此，教师、家长要帮助孩子发现自己，进而帮助他做回真正的自己。如果教育沦为灌输、塑造，那就走向了制造矛盾、扭曲生命的一场生死大战。

如何帮助他人谋求幸福呢？首先是帮助对方发现自己，即学会理解。世界上最难理解的是人，我们都知道理解别人比较难，体会别人更是困难。所以，一个成功的演员可能演了一辈子戏，他最喜欢、印象最深的也只有一部，那一定是演他自己，或者说是演他内心的自己。做回真我真好，是身心的合一，是生命的莫大幸福。

　　说来说去，人生的幸福实质上都在表达一个"魂"。那就是，人生是体验，生命是过程，人生最大的幸福是体验生命的过程，活着的意义就是经历人生的各种滋味。幸福是从痛苦中走出来的经历，无论经历什么，都是生命的馈赠，它让我们遭遇，也让我们体验，更让我们有了存在的价值。如果我们悟出这样的哲理，我们就会感恩，也会宽容，更会苦中作乐。如果我们有这般感悟，无疑，我们开始淡泊了，能真正拥有自己了。

　　体验人生，活出自己，拥有真我，这是一种幸福。人生是自我意志的体现，是自己用心画的一幅画、写的一首歌。

第四章　苦难

佛说：人生苦短；人生就是苦海。

我们每个人都期望并追求人生的永恒幸福。然而，不经风雨，何以见彩虹？无疑，苦难和幸福是孪生兄弟，没有苦难就衬托不出幸福存在的价值。俗话说：先苦后甜。经历多少奋斗的苦难，才会得到多少幸福的馈赠。当我们来到世上，就注定要与苦难为伍。有道是：人生不如意十有八九。

直面苦难吧，毕竟苦难是我们走向成熟的财富，经历苦难更是我们走向成功的阶梯。

正视苦难

我们想追求永恒的快乐，然而苦难总会跟随着我们，它的降临如同"爱你没商量"，短暂而无常。

每个人遭遇的痛苦与磨难都是其生命的一部分，正如你摆脱了不期而遇的挫折与疾病，还会遭遇无法避免的衰老与死亡。

小时候由于生活单一，我们的生命还处于旺盛的成长期，一般很少遭遇磨难。即使不期而遇，我们还不懂人生，可能并未体会它对我

天有不测风云，人有旦夕祸福。人和树一样，成长是要经历磨难的。

们整个人生的影响。

如果说年轻时，我们勇往直前，大有天不怕地不怕之势，那么当人到中年，则是灵魂召唤着我们主动去经历磨难。毕竟，中年是多事之秋，是要回答人存在的意义这一问题，要面对生与死。所有对这些问题的回答，也都离不开对人生苦难的经受与超越。所以，有位哲学家说：苦难是上帝赐给人类的礼物。

苦难究竟对我们的人生有何益处呢？结合生活的感悟，我认为苦难对生命有如下非凡的作用：

苦难让我们面对真正的人生。人生不如意十有八九。佛说：人生苦短。生命的成长会有许多正常的需要，这需要我们亲身经历，面对人生的困境。生存竞争的压力常常使我们处于人生的逆境，为了自我的发展，需要去克服困难，努力奋斗。为此，我们经常会遭遇意想不到的失败，如果再考虑到天灾、人祸、疾病等，那一生都是在与苦难相伴，所以苦难是人生的一部分，有苦难的人生才是真正的人生。

苦难让我们认识到生命的本质。生命是发展的，变化发展是生命的本性。我们从出生、成长、衰老到死亡，衰老与死亡是我们必须经历的苦难。从出生到成长，又是得与失的过程，人们必须付出成长的代价。生命必须经历社会化，个体要适应社会就必须改变自我，学习和掌握社会的规范和要求。改变自己是痛苦的，这也是自我经历的磨难。

苦难让我们思考与超越。没有人想过苦难的生活，人的天性是趋利避害的。当我们遭遇苦难时，我们不住地叩问自己"我怎么会这样"等诸如此类的问题。这些内心的矛盾和困惑都会造成既有信念体系或自身存在意义的崩溃，让我们忍受孤独与寂寞，也陷入痛苦的思考。从小的不幸到大的人生意义，如"生命的意义""幸福与苦难""我们的使命"等问题，这些都会让我们关注命运、生命、幸福以及苦难等问题。对这些问题的思考，不仅能加深自我认识，而且能获得思想提升。

苦难让我们学会同情与感恩。不期而遇的苦难会让我们有切肤体验，如同失恋过的人会更加理解被恋人抛弃的痛苦。当经历人生所有的苦难后，我们就会对各种人生痛苦有最真实的体验以及最准确的理解。我们由此而善解人意，同情不幸的人，帮助落难的人走出痛苦的深渊。经历过绝处逢生，还使我们在苦难的背后孕育出生命成长的一个新契机，它有益于滋生感恩之心。

苦难让我们体会到神圣。苦难会把我们置于一种生活或生存的绝境，打开另外一个非凡的内心世界。在无法改变现实的情况下，我们终于接纳苦难，我们心如止水，倾听内心的呼唤。我们领悟了自助天助的道理，第一次体验并审视自己与自然的关系。从此，我们内心开始强大，不仅重新认识了生命，而且建立了自我拯救的信念。只要内心强大了，任何外界的不幸都不能压垮我们。这是一种神奇的力量，它在我们心底酝酿和生长，随着它的开发和使用，我们快速成长并强大。

苦难让世界有了悲剧，唤醒了我们悲悯的意识。悲剧的力量是感人的，最能触动人心底的软肋，写悲剧的人往往是带着使命和责任感，去完成自己内心救赎的心路历程。没有对人类的爱，没有对人类命运的忧患，是不会带着悲恸而踏上拯救人类于苦难的殉道之路。悲剧让我们学会宽容，为了使命而学会舍生取义，这些激发我们内心的悲悯，也滋养了大爱之心——对人类命运的忧患和关怀。

以往我们对所认为的不幸总是极力躲避。然而，凡是人生中越躲避的事，它就越如影随形地跟着我们。躲避的结果，反而可能是遭遇更大的苦难。如果知道苦难是我们生命的一部分，苦难就可以转化为生命的激情与力量，它促进我们生命的成长，让我们变得更加强大。苦难并不可怕，可怕的是我们在苦难中死亡，而不是借助苦难去谋求自我的成长。为此，我们要把握生命中遭遇的任何一次苦难，这是生命发展的一个机遇。

在苦难中，我们要坚强。

在苦难中，我们要思考。

在苦难中，我们要学会成长。

失望之殇

对一个人一旦怀着某种期望，我们内心就会激起不安与向往，尤其自己不可把握的事，它将会一直折磨着我们。然而，当等到期待的兑现，如果发现结果并没有如愿以偿，我们就会感到期望的破灭，感觉不受重视又觉得无奈，甚至是受到欺骗。于是乎，抱怨的情绪会持续好长一段时间。我们得自己抚平内心的伤痛，我们依旧是自己……

这是一段对期望化为失望的内心历程描述，大凡人在旅途都曾经历过，谈起这事也会让我们感慨万分。

有期望就会有失望。期望别人不如期望自己。

人为什么要对别人有期望呢？这主要来自社会的竞争，由于个人的力量有限，我们都需要借助别人而增加自己的力量。如果你和对方的力量是对等的，那么你们之间可能会形成合作的关系，合作也就成为我们谋取大发展最快捷的一种方式。不过，当你寻找合作伙伴时，你对别人的作用与他对你的重视程度相适应。如果双方力量均等，尤其你处于劣势时，你单方面的期望就有可能落空。在这种条件下的权衡，你对于对方而言不是很重要，为此，一旦你对对方产生期望，你的命运就受制于对方了。由于你对别人的期望太大，你就会因对方的喜好变化而极易置身于提心吊胆甚至失望的境地。如果对方处于强势，你只能默默忍受这种失望的痛苦。这就是人和人之间因期望产生失望的机理。

然而，人和人之间，尤其是熟悉的人之间所产生的失望，往往会出乎我们的意料，它会让我们感觉委屈、被忽视、没有尊严，甚至产生受骗等负面情绪。我们常会用"想不到"表达心中最大的困惑，这也将是我们内心难以排遣的痛苦。

殊不知，人世间最大的失望莫非于亲人间。因为亲人之间更容易产生期望，而且是全身心的等待，所以一旦失望，那可能就是绝望，就像世界破灭一般。毕竟亲情是我们从小依恋的对象，也是我们对这个世界最后的信任底线，所以一旦亲人间失去期望，我们就会遭遇毁灭性的打击，这将会对我们造成最大、最持久的伤痛，甚至可能失去活下去的精神寄托。正如父母对孩子的爱是孩子信赖这个世界的底线，所以，经常有人说：爱我的人伤我最深，我爱的人最容易使我绝望。

不过，人在社会上免不了人际沟通和联系，人毕竟是社会的人，我们不能因惧怕人与人之间的失望而逃避可能遭遇的痛苦。为此，我们面对亲人间可能产生的失望，正确的态度应该是建立合理的应对机制。民间常说：是亲人，义无反顾地帮助，但是我们只能帮一时而不能帮一世；别人帮你是人情，不帮你则是本分；父母有养育子女的义务，子女也有赡养父母的义务；不要期望别人帮忙，求人不如求自己；一碗米养恩人，一斗米养仇人；等等。

期望与失望是我们人际交往经常遭遇的情绪，为摆脱人际因期望而造成失望的这种痛苦，我们要学会自强自立，这才是人生的根本。对任何人，即使朋友，也别抱太大的期望，我们不要高估自己在别人心目中的位置，尤其那些比你强的人。我们要有"别人没有帮我们也是本分，而帮我们才是情分"的观念。试想一下，有时亲人还靠不住，何况没有血缘关系的人呢？不言而喻，无论如何，我们可以对别人有期待，但不要抱希望，积极做好遭遇意想不到失望的准备。

人生在世，我们总会遭遇各种失望。避免失望而拯救自己唯一的途径就是使自己变得强大，让别人需要你，甚至离不开你。无疑，这才是我们人在旅途摆脱失望，获得尊严的法宝。

绝望与无奈

人生不如意十有八九。人在旅途，我们很多人都体验过绝望与无奈。它是这样一种生活状态：

状态一：生活中存在坎坷不平，前进路上荆棘丛生，命运从未获得上天的垂青。他也许奋斗、抗争过，但此时此刻，问题依然存在，甚至更加尖锐，他的生活一团糟，失望的情绪牢牢占据他的内心。他处于"喊天天不应，叫地地不灵"之势，这就是绝望的境地。

有一种痛苦叫绝望，有一种苦叫无奈。体验过绝望与无奈的人更加珍惜生命，也更懂得感恩。

状态二：哀莫大于心死，我们似乎活着，心却早已死掉，似乎关上与外界联系的大门，不愿与外界交流沟通，内心充满叹息，感觉人生无意义，甚至思考着如何结束生命。我们坐在那里发呆，眼神无光、满脸苍老，没有一丝生气如雕塑一般。不管怎样，外界任何的劝说和道理都不能激起我们的勇气、生气和希望。这是无奈的状态。

……

绝望是人生深刻的情感体验，在我们的人生中可能都会体验过绝望，它会枯竭生命的创造力，让我们失去前进的动力，甚至关闭未来人生的大门。不过这个时候，虽然人生处于低谷，生活的希望渺茫，但还不至于失去自身的尊严以及道德的底线。

绝望会让我们对整个人生、事业、家庭、亲情、朋友以及生死、命运等问题进行彻底的思索，考问我们从小到大所建立的所有价值观念，从而经受身心的痛苦，重新形成内心可接纳的价值，甚至和从前完全不一样的观念，它对人影响之大，如同身心洗礼一样。这可能是我们绝望之后的一种积极结果。

这种磨炼和蜕变会改变我们以后的人生态度，甚至彻底改变一个人，让我们经受涅槃重生，使我们大彻大悟，开始一种全新的人生。

还有一种可能，当我们处于绝望时，我们会全然放下自我，接受命运的安排，此刻唯一的希望是活下去。为此，我们可能丧失尊严和道德底线，甚至铤而走险，这就是人生另一种情感——无奈。

对于无奈的人来说，求生的本能成为他活下去的动力，他可能没有了羞愧之心和起码的人格尊严，只要活下去，他们可以做任何事情。无奈的人一般内心认同自己是弱者，认为自己无力掌握命运，他们对未来不抱任何希望，活一天是一天，自己的命运、生死全由他人掌握，或由自己也说不清的上天决定。他们愁眉苦脸，对别人赔着笑脸，身边的每一次机会仿佛都是他们救命的稻草。为了活下去，保住某个赖以生存的饭碗，他们什么都可以做，比如出卖身体、卖儿卖女、为虎作伥，甚至祸害他人。

无奈的人会麻木自己，可能是为了躲避道德的审判，他们可能会泯灭良知，凶残之极。尤其是当意外得势后，他们将下属乃至弱者都视为泄愤的对象，把以往所受的各种伤害以及复仇的情绪，以反人类、蔑视生命的残酷方式发泄。

对于绝望的人，我们要伸出援助之手，激发他们的创造力，让他们绝处逢生，造福于社会。不用说，他们极有可能会因这难得的帮助而铭记于心，进而怀着感恩的心去克服各种困难，赢得家庭和事业的成功，这种正向的力量会使他对人生、社会充满温暖与信任，还可能会让感恩的种子由此生根，走遍天涯，播洒爱心。

对于无奈的人，我们不仅要在物质上予以帮助，更应在精神上给予一定的援助。

记住，我们给予的帮助和关心一定要真诚，富有爱意，尤其是在人格上要尊重他们。人的精神力量是巨大的，只要我们有尊严地活着，别人就会尊重你，我们的人生由此就能展开新的一页。

记住，雪压青松挺，理直豪气冲。只要我们不放弃自己，我们就会得到上天的厚爱，我们就一定能战胜各种各样的坎坷，承受任何艰难困苦，最后以大无畏的气概，感天动地，创造人间的奇迹。

绝望与无奈是我们人生避免不了的情感，无论遭遇任何挫折和磨难，我们都不要说"无奈"。因为无奈会让我们丧失自我，扼杀生命的意志力，还会让我们失去做人的尊严，甚至把自己推向死亡的坟墓。

永远记住，只要我们不言绝望和无奈，就能摆脱绝望和无奈而成为一个开拓新天地的人，成为一个绝处逢生、铸造人生奇迹的人。

完美

从懂事起，我们就被灌输要努力超越别人，追求卓越。这些都起源于我们意识中追求"完美"的情结。

正是由于有追求完美的情结，各种各样的选拔、证书考试层出不穷。为了出名，为了尽快抢占先机，有些人可能会不择手段，制造层出不穷的炒作。

听话的孩子会期望自己完美，好强的人也会追求完美。不过，我们常常顾此失彼。

因为没有出名，或与优秀擦肩而过，往往承受了名落孙山的挫折与痛苦，有的人接受不了失败的事实，甚至以自杀结束自己的生命。名望与人们的喜爱已经成为全部的人生意义。

时下的名人，尤其明星，很多陷入了认识上的误区，也就是说他们不是为自己活着，而是为了取悦大众。然而，在赢得关注流量的同时，他们也离真实的自我越来越远，以至于迷失了自我。

实际上，从降生的那一刻起，我们都是优秀的，最起码是独特的、有价值的。生命诞生时，在上亿个精子中，一般而言只有唯一的一个才能与卵子结合，进而形成生命个体，仅从这一点就决定了个体生命具有了不起的价值。经过十月怀胎，再到安全降生，这又是一个奇迹，因为不幸流产的大有人在。其次，经过人生的各个成长阶段，能活到今天真的很不容易，因为疾病、外界的各种危险始终威胁着我们的生命。鉴于此，我们每个活着的人都已经很优秀，都有独特的价值，已具备了在这个地球上生存下来的各种优越之处，我们为此应该自信，悦纳自己，还应该认同自己的优秀。

然而，人类追求的"完美"是虚构出的一种别样的"完美"。它是把所有生命的个体之美吸纳过来，再融入人们的期望，进而创造一种超越任何生命的"完美"之美。虽然每个生命个体都很难达到，但是为了获得这种"完美"的声誉，我们宁可削足适履，放弃自己生命的本性之美。因为只有这样，平凡的生命个体才能受到人们的关注、推崇、热捧，进而获得内心无上的荣光。

实际上，一旦我们接近或达到这种"完美"时，内心也明白自己已经做了很多伪装，尽可能弥补了自己无法达到的缺憾。很快，我们就成为大家关注的焦点，似明星一般，生活的任何细节都暴露在大众的审视与评判之中。不久，伪装会被撕去，自己苦心经营的梦，一夜之间就会醒来，把我们打回到现实。于是，不仅是各种恶语、谩骂接踵而来，甚至是接受法律的制裁。这真似"高处不胜寒"，追求完美的结果却是慢慢走向毁灭。

这就是人们追求"完美"的发展轨迹，也是追求"完美"的人要付出的代价。寻常人追求"完美"的代价多是感觉活得太累而已，要么是忽视了家人，要么落下了身心的疾病。有些人可能自责，严重时会轻生。中国有句话："人怕出名猪怕壮。"它告诫人们"见好就收"，这是明哲保身的人生观。现实生活中，做人很难做到"高""大""全"。如果以"圣人"的标准苛求自己，把锁定的目标任务做到尽善尽美、无可挑剔的境地，这可能近乎是病态的强迫症了。

人类追求"完美"的标准，也是动态更新的，是集所有美的东西于一身而虚构出来的，个体是根本达不到的。辩证法认为，美到极致就是丑。如果达到极致之美，也就是符合人们创造、虚构的美的要求，可能就是远离了真实的自然美了。因为自然的美是个性的美、独特的美，也是人类心目中不可回避的所谓的"残缺美"。

我们要顺其自然，追求个性的美，施展自我生命孕育的美，活出真实的自我之美。伴随着生命过程的每个阶段，只要我们努力做到春天的嫩绿、夏天的墨绿、秋天的淡黄，以及冬天的枯黄，这就是我们个体的生命之美，它坦荡，充满激情而又不乏娇羞，这是当下的季节之美，又是历史的动态变化之美，它是唯一之美，它是不可能复制与重复的个性之美……

这种自然之美与我们头脑中人们期待的"完美"，虽有一定的距离，但它是个性之灵、生命之美，这种美是不受人的意志左右的，是真实之美，又是永恒之美。为此，我们虽然站在"完美"的角度，但要允许自己"不完美"，要拒绝人们制定的"完美"标准。真正永恒的美是我们活出生命本色之美，这是自我之美，也是整个身心都沉醉的美，我们能热切地感悟到这灵动的和谐，也能感染身边的任何事物。真正永恒的美是生命之花的极致绽放，也是灵性与心灵的融合，是让人难忘和留恋之美。

这种自然之美，美得朴实，无雕饰之感，它有泥土的芬芳；这种自然之美，美得透亮，无做作的娇柔，它有空灵的辽远；这种自然之美，美得独特，无模仿之感，它令人过目不忘。

毋庸置疑，这种自然之美才应该是我们期待的"完美"，虽然可能表现为"残缺美"，却是真实之美、生命之美、永恒之美。

这是真正让人心动的完美！

中年人的饮食

人们喜欢吃大鱼大肉，尤其男性喜欢饮酒和吸烟，但是到了中年以后，一定要合理安排膳食，改掉大吃大喝的习惯。

人过四十，身体渐渐失去年轻时的生机与活力，开始走向老化，这是一个不可逆转的过程。从个体生命成长的周期看，中年人是社会的中坚力量，既是社会创造的主要力量，也肩负着养育后代、赡养老人的重要责任。不用说，承担责任是这个时期的显著特征。然而，生活的压力往往使他们极易忽视自己的身心。

从生涯规划的角度，四十多岁已开始迈向生命的秋天。

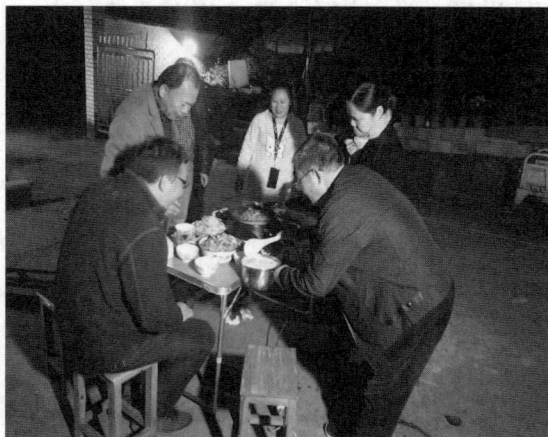

中年人饮食清淡，大鱼大肉、生猛海鲜再配上烟酒很不利于身体的健康。

在这个时期调养好自己的身心，关注自己的精神，把自己的潜能更充分地发挥，才能进而享受更美好的人生。

生命只有一次，人生没有后悔药，也不可能重来。看看周围的人，他们的人生经验都可以作为我们的前车之鉴。为了后半生的幸福，也为整个人生添上重彩的一笔，我们要关注自己的健康，对超标的饮食忍痛割爱，好好经营自己的人生，准确说应该是后半生。

这里把目光聚焦在四十多岁的男性身上，是因为他们是社会上过劳死的高发人群。四十来岁多是社会的中坚，由于参加社会活动多，烟、酒、油腻的食品也摄入得多，但是身体活动却不停地减少，加上肌体代谢能力降低，很容易造成这个年龄段典型的"三高"。患心血管疾病的元凶，如高血压、心脏病、糖尿病，等等，是危害中老年人身心健康的大敌。许多患者在40多岁至50岁之间为这些疾病所困扰，不仅生活质量降低，还影响了事业的发展。更有甚者，丧失了基本的生活能力，有的竟招致死亡。我的几个要好的同事，这几年先后查出癌症，还不到五十岁，他们就过早地离开人世。想起就让人伤心，毕竟孩子还没成家，父母还需照顾。他们都有爱喝酒、无肉不欢、熬夜、烟瘾大的特点，想想真令人扼腕叹息！

疾病面前，人人平等。无论轻重，对中老年人来说，心血管疾病都会制约他们参与各种活动，也将缩短他们宝贵的寿命。最让人不能接受的是，中年人正处于事业的巅峰，开始享受成功带来的人生乐趣。以前的奋斗与艰苦创业，他们已积聚了一些财富，也为现在享受生活准备了条件。如果这个时候还不养成健康的饮食与生活习惯，将很容易诱发或产生诸如此类的疾病。如果不幸患病，那将是人生的一大遗憾，也是生命遭遇的重大损失。

中医说："病从口入。"对身体健康影响最大的是饮食习惯。中国是非常重视饮食文化的，自古就有"民以食为天"的说法。实际上，吃饭已成为联络感情、消磨时间的方式。难怪外国人到中国观光，留下最深的印象则是中国人喜欢吃，到处都是餐馆。因此，对于这个年龄的人，无论生活还是工作，应酬多是这个时期常见的事。应酬就是聚餐，也就是吃饭，中国人吃饭讲究面子，通常体现在餐桌上菜肴的丰盛，它表达了主人的热情。为此，无肉不成菜，无酒不成席。每餐饭必须山珍海味、鸡鸭鱼肉，还要搭配名烟好酒。当然，烹调方式也必有油炸、红烧、煎煮。因为油重、味重才刺激食欲，让人吃得酣畅淋漓，大饱口福。这些都是中国文化中的热情好客，也反映了主人的豪爽大方。但这些饮食习惯很容易造成营养过剩，不仅造成中老年人的"三高"，也是诱发中老年人常见疾病的元凶。不用说，很多疾病就是这么从口中吃出来的。

对于中年男性而言，从养生的角度，饮食应以清淡为主，忌喝或少饮酒，少吃辛辣的食品，这些都有助于我们远离"三高"，保持健康的状态。

生命是一切活动的基础，养成健康的身体，我们才能更好地工作、创造和享乐。因此，从整个人生的角度和珍惜生命的意义上，我们每个中年朋友都应管住嘴、迈开腿，要养成好的、健康的饮食习惯，最大程度地提升自己生命的价值。

保健与伤身

随着生活水平的提高，人们越来越关注养生与保健，在城市的街头巷尾，许多推拿、洗足等保健店如雨后春笋，一家接一家地出现，吸引人们的眼球。许多人抱着养生与保健的目的，去那里享受疏通筋骨的放松活动。

这种传统的保健只要用力不要太强，一般的揉捏的确能起到活血、疏通筋骨的作用。然而，有些用力过重或受力不均匀，可能会带来身体的损伤。我的一个同事脚扭伤，本来不严重，因为还能走动。刚好长途出差回来，打算洗个脚解解乏。洗脚的师傅建议他做个脚底拔

健身与养生是中年人的重要话题。毕竟，中年人不如年轻人生机勃勃，过量或方法不当极易造成身体的损伤。

罐，既活血又除湿气。他反复强调脚有扭伤，洗脚师傅说："没事，洗洗脚，按摩，拔罐一下，刚好活血。"不料，第二天脚就肿痛，下不了地。到了医院，医生批评他：洗脚店的按摩、拔罐是祸首，致使扭伤的脚再次损伤。为此，他卧床疗伤，一个月也未痊愈，还让他备受疼痛的煎熬。

当然，这方面的例子说起来还有许多。许多爱美的女士去做美容，花了很多钱，不仅没有获得期望的美反而毁了容。有些因买了假保健品而贻误了病情。遭遇这方面痛苦的人除了后悔还是后悔。

我们从爱惜生命出发，自我保健，到头来却使身体遭受损害，这令我们疑惑，反省。不用说，这是由于我们的心态失衡以及太轻信各种保健的宣传。为此，我们应该记住：

首先，生命的损耗和衰老是自然的过程，我们的一切保健活动都只是益于身心的健康，并不能完美地保障身体的健康长寿。若无视自然规律，一味追求身体的完美，我们极易上各种虚假宣传的当，任其宰割不说，甚至还会贻误或加重病情。所以，只要身体机能健全，有点小瑕疵是可以接受的，我们要允许自己不完美。身体患病，我们一定要去正规医院接受治疗。对于街头巷尾的各种神奇宣传，我们时刻

要保持警惕。

其次，身体的健康源于我们健康的生活习惯。我们不食不卫生的食物、不暴饮暴食、不酗酒吸烟，就等于扼住了病从口入的咽喉，从而最大限度地捍卫了自己的生命健康。我们还要管好自己的腿，是非场所不去，违法犯罪的事不做，才能保证我们的安全。这些健康的习惯，无疑胜过各种保健药品。

再次，运动是最好的医生，运动是最好的保健。运动能唤醒我们生命的潜能，激发自我修复能力，从而达到治愈自身疾病的目标。同时，运动能提高我们肌体的免疫能力，抵抗病菌对我们身体的侵袭。不过，一定是适当的运动，不能过量。

最后，积极乐观的情绪是一剂万能的良药。中国古代医学认为"怒伤肝，恐伤肾，忧伤脾"。这告诫我们，要保持良好的情绪。现实生活真是这样：笑一笑，十年少；愁一愁，少白头。心理学研究也指出：情绪影响我们身体的健康，人有许多心因性疾病，不良情绪是元凶。快乐的情绪是最好的保养品。

追求健康长寿是人的天性，只要有正确的保健意识和行为，就能最大限度地保障我们的健康。追求"完美"的健康观是背离自然规律的，极有可能使人误入歧途，复演由保健到伤身的悲剧。

危机意识

我们并不是孤立地存在，地球村使人与人之间的联系更加密切，科技的发展已使我们与整个世界融为一体。未来世界充满各国之间经济的制衡和竞争。中国近几年经济的崛起，挑战了欧美的霸权，它们不甘心自己的处境，不断挑起事端来阻挠中国的发展，这是不容争辩的事实，是我们应该面对的严峻现实。

人无远虑，必有近忧。对自己负责，就要有未雨绸缪的意识。

那么，我们如何在当今的世界格局中不断发展，铸就民族的辉煌呢？

历史经验告诉我们，我们应该与时俱进，一心一意谋发展，提升我们自身得以生存的核心竞争力，才能在世界上有立足之地。

国家在国际舞台上尚且需要苦练内功谋发展，提升自己的核心竞争力，我们个人更应该努力学习，确保掌握一技之长，掌握赖以生存的本领。否则，我们将来会丧失生存的能力和资格，或者没有尊严地生活。我们要有这样的危机感，也要肩负起对自己人生发展的责任感。不管周围环境如何变化，人生曾遭遇何种变故，我们都要怀着期望，为明天而活。这需要我们珍惜时间，努力学习，不断钻研专业知识和技术。陶渊明诗云："盛年不重来，一日难再晨。"趁现在还算年轻，我们要抓紧时间，努力积累，提高自己的生存能力和竞争力，而不要闭着眼睛混日子，只活在当下的安逸中，却没有丝毫的危机意识。古人曰：人无远虑，必有近忧。为此，我们要从苦难的记忆和社会底层的声音中，寻找让我们震撼的危机感，激发生命中的勇气和奋斗的精神。这是来自我们心底的呐喊，也是生命本源的原始冲动。它是人类与自然抗争，从蒙昧走向文明的力量，也是我们不断获得超越与成长的生长力。无疑，为了生命的成长，为了明天的辉煌，我们一定要未雨绸缪，始终想着如何提升自己，如何主宰自己的命运，永远记住古人说的话："生于忧患，死于安乐。"

现代心理学也很重视个人未来的发展，也就是我们通常说的人要有梦想，以及实现梦想的计划。虽然自己的周遭有许多不尽如人意之处，但是我们一定不要放弃对自己未来的美好期望。危机意识是我们产生期望的动力，期望又是一盏黑夜中的明灯。生于忧患，只有人人有危机意识，我们才会怀揣强国的动力。只有实现中国梦，我们的民族才能屹立于世界民族之林。

秋天的挣扎

大自然四季更替，亘古未变，这是天道，是自然的本性。人类的一切活动都要效法自然，我们不要有丝毫的侥幸，否则，就会遭受自然的惩罚。

心理学家艾里克森认为，人的一生分为八个阶段。他基于人格的成熟以及个人成长过程中与社会需要的关系，提出了八个关键期。如果在每个时期完成相应的任务，个体就会获得人格的圆满，达到人生的幸福。如果没有完成某个人格成长的任务，就会影响之后阶段的顺利发展，乃至个体终生的幸福。这八个阶段及相应的人格主题表述为：（1）信任与不信任

人生如竹节，我们要一步步走过。生命中的每一次困境，我们要勇于面对而不能逃避。不过，聪敏的人总会积极提前准备。

（0～1岁）；（2）自律与羞愧（1～3岁）；（3）创新与罪恶（4～5岁）；（4）勤奋与自卑（6～11岁）；（5）自我同一性与角色混乱（12～20岁）；（6）亲密与孤独（20～24岁）；（7）抚育后代与自我关注（25～65岁）；（8）自我整合与失望（65岁至死亡）。其中，自律与羞愧对应的是自我控制，创新与罪恶对应的是生活目标，勤奋与自卑对应的是能力。

伴随这八个阶段，我们的人格逐步成熟。如果亲密与孤独没有被满足，个体就不能获得"爱"的人格。个体在以后的人生中会因"爱"而出现心理错位，产生纠缠不清的痛苦，甚至可能造成人生决策的失误。每一个阶段都是个体与环境相适应，努力融入社会而成为社会成员的历程。

人生如竹节，人生的历程如同竹子的生长一样，每个节段如同一个完整生命周期的不同关键期，它们都是构成整个人生不可或缺的阶段，都具有独特的人生使命。个体在这些关键期内充满困惑、矛盾、焦虑与冲突，他们需要重新认识自我和环境的关系，修正以往的价值观念，形成新的自我概念。经过一系列这样的变化，个体将迈进一个崭新的生命时期。

令人遗憾的是，个体往往不想面对这个挑战，表现为：不想长大，不愿独立生

活，不愿承担责任，不喜欢接触人，不想结婚，不想要孩子，还有许多"不愿""不想"等。

人们常说：纨绔子弟少伟男。由于生活条件优越，父母担心孩子受苦受累而不愿孩子遭遇各种挫折，以及独立面对艰难的人生。殊不知，孩子因此就会失去许多成长"关键期"，进而造成他们人格发展历程的不完备。这些误区或者说"死节"，不可避免地阻碍人格的成熟，使他们缺乏应对人生困境的能力。

正如开头说的，人生不是由我们的意愿决定的。最近乘公交车听到一句话：秋天到了，无论什么样的庄稼，成熟与不成熟的，都将被一同收割。"被一同"是强调我们的命运，不由我们的意愿所决定。虽然感觉很残酷，但这是自然的法则。既然如此，我们的生命发展阶段也应该遵循人生的法则，努力完成生命中的任务。当面临困难时，我们应该积极地准备，迎难而上，这才是我们对待人生的正确态度。

人常说："是你欠下的东西，终究都要偿还的。"我们总是要对过去没完成的任务进行弥补，生活中遭遇的任何困难都是自己生命成长的契机，都需要我们去面对。我们不要心存侥幸，要主动承担起责任。对于未来的人生发展，我们需要做好充足的身心准备，要勇敢地迎接和面对。我们要多读书，多向别人学习，爱惜自己的生命，树立为自己的人生负责的态度。无论未来成功与否，我们遭遇的困难都将是人生成长最好的契机。

记住，只有面对真正的生活，勇敢承担责任，我们才能避免在人生的"秋天"里挣扎的窘境，以及遭遇因不成熟而被无情淘汰的厄运。只有认真面对人生的每个阶段，不回避、不逃避，努力奋斗，我们才能获得成长，有尊严地过完满的属于自己的人生。

第五章　辩证法

人生是错综复杂的，各种意想不到的事往往使人惊讶，尤其遭遇不好的事，更让人痛苦不堪。然而，这些不好的事随着时间流逝又会演变成好事，这让人感觉人生好奇妙。人生的神奇让人着迷，也让人潜心探究命运的经纬。

是人定胜天还是顺其自然？面对困境，我们如何放下而保持内心的平静，如何让自己内心变得强大。这一直是我们思考的问题。

人生的法则很多，其中最重要的是人生的辩证法。

生活中的辩证法

塞翁失马，焉知非福？

任何事物都有正反两个方面，它们在一定条件下是可以相互转化的。本来塞翁丢了马是一件不好的事，但正因为丢失的马带回了几匹野马，使他成为众人羡慕的对象。无疑，丢马是一件痛苦的事，但随着时间的变化，它却能成为一件好事，这就是辩证法。生活中的辩证法就是告诫人们辩证地看待生活中遭遇的任何事，强调不要只看到事物的一个方面而忽视了其他方面。

成长是得到，也是失去。塞翁失马，焉知非福？我们不应绝对地评判人生的福祸。

没责任心的人喜欢，东西随便放，这样固然很轻松、省力，但是一旦需要用时，就急成热锅上的蚂蚁，到处找却又很难找到。想想这个由方便到不方便，你一定会这样领悟：如果一开始哪里取的东西，用完之后有点责任心、费些力，把用过的东西放置到原来的地方，不用说，以后若再需要，到那个地方就会很快找到，这会让你感到十分方便。这种做事方式乍看起来是不便，结果却又是最方便的。如果我们做事考虑到未来，就应该现在多用些心，多尽些责任。换句话说，现在多费些周折，是为了以后多些便捷。

如果怀着感恩的心做好别人交给的每一件事，你就会发现找我们合作的人越来越多，生活给我们提供的发展机会也越来越多。由于感恩，你会十分认真、尽职尽责地做好身边的事。也许会感到苦和累，可能经受一些误解、委屈和痛苦，但是你的尽心工作会给别人带来极大的便捷和好处，他们会对你留下极好的印象。当然，重要的事情和机会别人也会首先考虑到你，你也会由过去被动等待别人的任务到自主地选择你想做的事。民间把这种情况叫有贵人相助，或时来运转。如果我们怕做事、少付出，就不会有展示自己价值的机会，也不会赢得自己的发展，更不能获得生命中贵人的垂青。

从整个人生来讲，我们都要努力做事，先付出才会有回报。当然，在遭受误解、冷遇、磨难和痛苦时，我们要忍受外界各种不良因素，理智地调节自己的情绪，始终保持内心的宁静，努力做好应该做的事，奉行以吃苦为乐。无疑，只有这样学会付出，学会等待，人生才会时来运转。当然，若遇到大喜的事，也莫高兴过了头，如耐不住性子，可能易受情绪的左右，甚而自我膨胀，这些都会让人失去理智，做过头的事，可能会招致人生的灾难。显然，为了能做大事，成就非凡的事业，我们要有十年磨一剑的精神。

生活就是一部辩证法，人生就是一个得失相伴、福祸相依的过程，这个规律正如人算不如天算的"天道"一样。这正是上帝为你关上一扇门，也会为你打开一扇窗。

生活就是这样，它是一个不断变化的过程：福祸相依。因此，我们要学会用生活的辩证法来看待人生。当我们遇到人生低谷时就要学会放下，等待人生高潮的到来；遇到高潮时，不要忘记自己的平凡，避免自我的膨胀。如果想要赢得明天的成功，先要任劳任怨，学会努力地奉献。看到别人的优点，不要自惭形秽；对他人的不足，要学会宽容。当我们具有一定的影响力时，也要时刻准备承担相应的责任与风险。

生活中的辩证法能让我们更好地理解社会和人生。

权力与责任

人生就是一道选择题，在不同阶段都充满抉择，你不能回避。如果回避，不仅什么都得不到，还极有可能承受更大的失望和痛苦。

聪明的人往往主动进行选择，然后恪守自己的准则。他们在享受实现目标带给自己的权力时，又要承担一定的责任。所以，选择不仅意味着得到，更是一种放弃与付出。只期望享受权力的便利而不去承担为达到某种目标所要付出的代价，这种想法近乎幻想。这说明选择很重要，你选择什么样的人生目标，就等于选择了什么样的生活方式，也会形成什么样的人生态度。

大树因大而呵护小树，因大而享受更多的光照。想要享有权力，就要承担一定的责任。

如果不去追求不断产生的新需要，就会觉得人生枯燥无味。实际上，人人都有自我发展的潜能。小时候，我们喜欢探索周围的环境变化，这就是好奇心。在探索外界新奇事物时，我们还喜欢按自己的想法摆弄它们，这就是我们生命里的自觉控

制力。从哲学角度，就是主体具有自我操纵躯体或利用工具，使外界朝着人的意识的方向变化。我们对外界表现出的好奇、探究、支配、控制，这就是自我的发展需要。这是人的内心追求所带来的对自我的影响，也就是承担责任与享受权力，这是每个个体自我运动行为的两个方面，它们是不可避免的冲突。这真如坐过山车，选择了坐上去享受速度、失重及其各种刺激体验，就不可回避地需承担身体的各种不适反应。选择是一个矛盾，得失是矛盾对立的两个方面，它们既是对立的，但又统一在不可分割的事物之中。

在我们生活的周围常遇到这样的人，他们喜欢享受支配与控制的满足而又不想承担应有的责任。他们总是设法获得最大权力带来的满足和自由，甚至无法无天，根本没有考虑矛盾对立的一方面，即权力应受的限制和责任。结果往往造成矛盾统一体的破坏，使双方产生激烈的对立、斗争。要么原有的权力丧失，要么身心遭受严重的处罚。人生命运的变故又会形成新的矛盾统一体。

这启发我们，若只想一味地索取，社会或他人是不会答应的；若一直在付出，自己也会精力耗竭。从另一方面，如果过分承担别人的责任而剥夺别人承担责任的机会，也会是害人害己。因为对方可能因此而失去成长的机会，这一定会造成双方的身心痛苦。因此，得到与付出、权力与责任，是相伴而生事物的两个方面。一味只想索取的人，如果能意识到社会环境对他的反感，能及时修正自己的价值观，调整自己的行为方式，那么他还可以维持矛盾的统一。不然的话，他可能私欲膨胀，无视社会的规则和法纪，从而走向社会和公众的对立面，极有可能成为公众的罪人而受到社会的惩戒。

这也启发我们选择的重要，人生面临着许多选择：上学、求职、恋爱、婚姻。虽然，对于出生的家庭我们没有选择的权力，但是以后走什么样的路、追求过怎样的生活，我们都是可以进行选择的。不过，对于喜欢学什么、从事什么样的职业、选什么样的恋人等，我们一定要慎重考虑，想明白自己要得到什么的同时又可能需要付出什么，然后我们再进行得失的权衡与抉择。一定要记住：不要只想得到，因为世间任何事的得失都是公平的，权力与责任也是对等的。

人生就是要经历不断地选择，无论遇到什么，我们都要勇敢地面对，牢记得到与失去、权力与责任都是一对孪生姐妹。在以后的人生中，我们不仅要时刻明确自己需要什么，而且还要学会主动放弃什么，这无疑是一种大彻大悟的境界。

牢记权力与责任，明确选择的神圣性，记住我们在享受权力赋予的自由之时，时刻意识到我们应该承担的责任。

存在即合理

马克思主义哲学认为，物质决定意识，意识对物质具有反作用。据此，社会现实决定社会意识和心理。这启发我们对当下的许多屡禁不止的"丑恶现象"，应该从方方面面找原因，这种思维方式会促进我们反思，寻根求源，找到变革、应对的方式或措施。然后，发挥我们意识的主观能动性，按照我们期望的主流观念，推动社会文明的进程，营造和谐的生存和发展空间，促进事业健康发展。

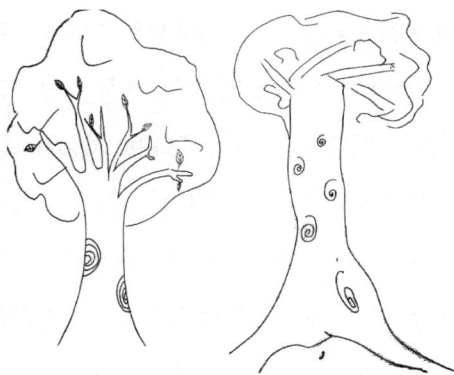

为什么画一棵树，两个人画得不一样？因为人的内在需求不一样。任何事物的存在都有其一定的道理。

从自我生存的角度讲，为了更好地与环境相适应，我们都要经历社会化的过程，努力学习和掌握社会要求的规范和行为方式。由于社会环境与时代不同，社会对我们的要求也不一样，为此我们一定要与时俱进，学会适应。我们只有适应社会后，才能深入生活现实，提出改进不合理现象的有效策略，促进社会朝好的方向发展。

那么，如何学会适应呢？我们首先要有一种"存在即合理"的态度，对周围的各种现象要有宽容的心态。

社会的发展是不依个人的意志为转移的，这个世界不是以我们个人的喜好而存在。只要我们冷静下来认真思考，就会明白任何客观现象之所以存在都有其合理的原因。对这些困惑，不妨采用因果分析法，就能寻找其社会现象产生的内在的逻辑联系。如果仍然想不明白，那说明我们头脑落后，应换个角度来理解现实的各种现象和变化。如果还有困惑，那最好放下自我，寻求专业人士或智者帮助，重新理清思路，化解内心的困惑。毕竟学会适应社会是心理健康的重要标准之一。只有理清了这些冲突和矛盾，克服了认知上的不协调，我们才能获得社会认同、自我认同，进而确立自己人生的奋斗目标，追求自我人生价值的实现。

显然，只有接纳了"存在即合理"的观点，当面对社会各种现实时，我们才能宽容，保持平和之心，这种心态为我们处理个人的困惑提供了良好的条件。那么，从自我发展的角度，我们该如何对待人生遭遇的各种困惑呢？

对待个人事业发展遭遇的问题，首先，你要想到别人也会遭遇类似的事情。生活在一定的社会组织结构中，每个人既是领导也是被领导，正如我们在进行社会比较时，都会处在"比上不足，比下有余"的境地。想到此，你可能会很快地化解心头的气愤，放下心头悬置的石头，内心的"小我"也就暂时恢复了平衡，心思很快转移到事业的发展上。如果偶尔还会触景生情，那说明你内心深处还没有从根本上建立一套新的价值体系，来应对这样的"不平"。对于这样的事，最好不要在同事间议论、抱怨，抱怨不是积极解决问题的有效手段。既然"存在即合理"，你考虑问题的出发点可能是站在维护自我价值的角度，而没有站在领导或他人的角度通盘考虑。不用说，这种认识方式会蒙蔽你的双眼。如果从领导的角度看待你的升迁，或某些涉及个人利益的政策，你可能会完全解开心头的谜团，平复自己的情绪。想到此，怀着平静的内心多拷问自己："你有多大影响力？""你为团体做了多少贡献"？"是否获得领导的喜欢，是否属于团体发展的核心？"在对这些问题逐个地、认真地、客观地拷问后，你可能会完全放下内心的抱怨，化解不满和焦虑，重新建立一套人情世故的法则，以应对未来人生中的类似问题。如果能这样做的话，我们会由此增长人生的智慧，也学会了适应，更学会了生存。

生活的意外，无论好或坏，每个人都可能会遇到。正如佛家所言：人生无常。人的命运是变化的，命运对芸芸众生都是公平的。对于生活中的厄运，我们只能笑脸相迎，坦然面对。人生不想遭遇某些事，偏偏可能会遇到。如果真遇上不好的事情，我们不要抱怨天，也不要责怪自己，更不要沉溺于永久的痛苦之中，我们要积极设法处理。不管我们遭遇什么样的人生际遇，我们都要守望内心的平静和热爱，对人生抱有一份感恩和敬畏。这是一种做人的积极态度和境界。同时，我们也不要为一时意外成功而沾沾自喜、念念不忘。对这些所谓的"幸运"，我们要淡然一笑，对自己说："以后的路还漫长，加油！"然后，毅然投入新一天的生活。

要记住：困惑、抱怨、自责，只会增加我们的愤怒，使我们逃避或者脱离社会，丝毫不能增加我们改变自身处境的积极力量，也不能让我们超越自我走向新生。

只有坚定"存在即合理"的思想，我们才能怀着开放的心态，放下自我，吸纳不同的建议和观点，努力丰富自己的人生智慧。

智与愚

我们喜欢自己聪明，是一个智者，不仅能获得竞争的胜利，而且受到别人的羡慕和夸奖，满足自尊的需要。《西游记》中人人都喜欢孙悟空，希望自己成为那样的人。学校老师喜欢聪明的学生，父母喜欢聪明的孩子，我们也会跟孩子的家长搭讪："你这孩子真聪明。"

人的智慧不同，有的智有的愚。不过，大智若愚是一种境界。

父母听了都会高兴，远胜过夸自己十句。世人喜欢聪明是骨子里的，人人都争相表现并展示自己的聪明，甚至想方设法包装自己以显示出自己很聪明。

喜欢聪明就是逃避"愚蠢"。如果说某个人很蠢，就是对他极大的蔑视和贬低。"愚"在生活中的表现是"不开窍""行动慢，不灵活""不明事理，说话太直接"等。联想到《西游记》中的猪八戒，正如生活中我们经常形容"笨得像猪一样"，就是极大地贬低和瞧不起对方，也是对他人尊严的挑衅和谩骂。如对学生和孩子这样指责，将对他的内心造成极大的伤害。

聪明和愚笨，有了这两种划分以及社会对它们赋予的评价，为摆脱愚笨，我们趋利避害，总是通过努力奋斗成为智者。

如果从人生的幸福和健康来说，智者、聪明的人追求事业往往成功，但未必生活得幸福、健康。再说《西游记》中的孙悟空，为护送师父西天取经，路途受尽苦难不说，还受到误解和被惩罚。猪八戒却是活在当下，吃饭睡觉两不误，他快乐、知足、受到关心，不仅享受人生的快乐，还活出自己的本性和价值。在现实生活中，一般的智者、聪明人往往受社会环境的左右，他们有很强的成就感，喜欢享受在竞争中获胜的声望，不仅主宰自己的生活，更想控制和影响周围的人。他们可能霸气十足，喜欢独占鳌头的感觉，对各种物质具有无尽的占有欲。这种高目标的人，一定会面临种种竞争和压力，他们不仅具有一定的专业水平，还要寻找或建立人脉关系，甚至可能要排除异己，扫清前进路上的障碍。为此，他们可能违背道德底线，时常要些权术或小伎俩，以捷足先登，强占先机。生活在这种环境中，他们昼思夜谋，难以安眠，既要琢磨上司的心思，巧言令色，讨领导喜欢，还要安抚下属，获得大家的一致支持。为此，他们要隐藏自己的弱点和不足，拿捏做事的分寸，审度表现的时机。不用说，他们始终处在焦虑和不安之中，既不能允许自己犯错误，又不能有属于自己的真实生活。这种生活没有平静、随意，也没有内心的快乐与幸福，此期以往易招致身心疾病。

如果追求人生终极成功——成为智者，那么他们未必能获得心仪的成功，也就是真正的梦想成真。他们中途可能会遭遇一些意想不到的障碍，使之功亏一篑，无法完成他们最终的目标。因为在中国的文化中，若自视清高，则无友；个体若锋芒毕露，易引起别人的嫉妒；个体若要处处显示自己聪明，易伤害别人的自尊，也给别人带来威胁，从而招致小人的陷害。不仅如此，由于聪明的人小有成就，加之聪慧优异，容易目中无人、自高自大，不把别人放在眼里。他们轻易指责别人、评头论足、发牢骚、抱怨，更有甚者咄咄逼人、工于心计、算计别人。这些为人处事的方式容易让他们树敌较多，这是他们实现目标的障碍。当他们遇到困难时，往往不能得到别人的支持与帮助，那些他们无意间得罪的人甚至都有可能会落井下石来报复与陷害他们。

无论聪明还是愚笨，都只是相对而已。在社会的任何阶层，由于人的观念不同，选择的路不同，因而在事业上也会表现出不同的成就，其实并没有绝对聪明与愚笨的显著区别。

真正的智者是那些能很好表现自己的魅力，又能吸引许多人帮助的人。据史书记载：孔子到河南拜见老子，老子告诫他要藏智，表面要愚，这样才不至于周围树敌，才能赢得许多人的信任和支持。这故事告诉我们：要大智若愚，方能成就大事。大家喜欢和愚笨的人相处，因为能说真话，又有安全感和优越感。愚人遇到困难，大家也会真心、努力去帮助他。

真正的智者、大智慧是大智若愚，他们心中清楚而表面上却不懂。因为谦虚为怀，才能海纳百川。如果一个人没有锋芒，却又用心做事，那他不会遭到别人的嫉妒，反而引来许多人的帮助，这有助于他积累成功的条件。毋庸置疑，在通往终极成功的艰辛路上，人们确实需要有一个宽松和谐的环境，避免因人性的弱点而产生节外生枝的困扰。为此，我们必须藏智显愚，比如要为人忠厚，不计得失，吃亏在先。人们喜欢有优势感，又同情弱者。这正是愚人身上具有的能满足人们自尊需要的特点，使他们容易获得他人的帮助。这正是他们获得事业成功、生活平安快乐的有利因素。

智与愚是辩证的。一时的聪明不等于一世的聪明。聪明反被聪明误的大有人在。我们与人相处，就构成矛盾的统一体，其中智与愚既斗争又统一，适度条件下还可以转化。如果你有终极的目标，你就必须藏其锋芒，苦练内功，还要以愚处世，奉行吃亏为福理念，谦虚为怀，低调做人，任劳任怨。只有这样，我们才能避免嫉妒、遭人设障，还能赢得外界有利的帮助和支持。

大智若愚是一种做人的智慧，也是一种人生的境界。

人际关系的新视角：复杂与简单

人在世界上生存除了衣食住行外，还需要交往，以获得帮助，并避免孤独。心理学把人际交往称为亲和的需要。亲和的满足不仅能避免孤独，还能获得类似爱情那样亲密的关系，从而消除人生的寂寞。

人际交往很重要，一个人的社会化过程也是在与人交往中进行的。然而，为了更好地交往，我们要建立融洽的人际关系。交往的对象是人，人是有个性差别的，所以要维持良好的人际关系不是件容易的事。在处理人际关系上是简单还是复杂，这是非常令人纠结的。在中国文化背景下，人际关系崇尚

简单是一种美，复杂也是一种魅力。从简单走向复杂，从复杂走向简单，这是发展的趋势，也是解决问题的路径。

以和为贵，以忍让、宽厚为美，因此"不得罪人"就成为人际交往追求的境界。为了面和，人们可能淡化冲突，隐藏真正的矛盾。然而，有些纠结会留下来，如果长期压抑，极有可能产生心理问题，甚而诱发身心疾病。生活中因"积郁成疾""积怨泄愤"而杀人的例子比比皆是，这是长期压抑而导致自我的崩溃。所以，人在旅途，面对种种不公、委屈，我们不能压抑矛盾，而要积极化解，避免自我的崩溃与毁灭。

在人际交往中处理冲突可以采取简单问题复杂处理、复杂问题却应简单处理的原则。对于简单的问题，我们一般是从对自己的影响小而认定的，根本没有站在对方的角度考虑，这极易诱发对方的不满，长此以往会累积对方内心的对立情绪，甚至是复仇的心理，为自己的人生发展设置了障碍。为此，从长计议，我们对自己认为的小事，要多从对方的感受考虑，无论对方身份如何，也不要忽视对方的感受。遵循"己所不欲，勿施于人"的原则，多进行心理位置互换，尊重对方，多弥补自己的过错。如果有可能，本着人本主义的观点，多相信与宽容对方，努力用爱召唤他迷途知返的心。这种复杂的处理方式，会让对方内心真正感受到尊重与理解，也深深为你的人格魅力所打动。这种简单的问题复杂化的处理，能化干戈为玉帛，对方由此可能成为你人生路上可以依靠的朋友。

复杂的问题，则方方面面对我们产生不利的影响，让我们四面受敌，坠入一张纷乱的网。我们无论怎样也难以逃离苦海，真恨不得走上法庭将他绳之以法，甚至铤而走险，与他殊死一搏。然而，这些都不是健康的处理问题的方式，有道是"冤家宜解不宜结"，我们未来还要走宝贵的人生之路，无论如何，要牢记天下没有过不去的坎，生命高于一切。因此，珍惜我们的生命，也要看重对方的生命。对方的错误已经造成我们的痛苦，如果我们再惩罚或报复，一定会失去理智，激化矛盾，那么这种方式并非能让我们泄愤，可能还会让我们更痛苦，这就是"用别人的错误惩罚自己"。这种复杂的问题应简单处理，唯一让我们远离痛苦的方式是"放下"。这是最简单，也是最有智慧的方式。佛说：执着是人的痛苦之源；以德报怨是我们人生的悲悯意识和大爱思想的表现。当我们放下之后，不仅从这痛苦的怨恨中走出来，也给对方一个改正错误、救赎心灵的机会。这种宽恕让我们拯救了两个心灵，不仅历练了别人，还使自己成长了。

虽然我们都是凡人，不是救世主，但是这样充满智慧地处理人生中的问题，最终受益的还是我们自己。在生活中有些冲突或矛盾会随着时间一一化解，不过，这需要我们有足够的耐心去等待。从人生发展来说，吃亏、占便宜都是暂时的。生命是流动的，人生就是海中的浪，周而复始，潮起潮落。为此，我们要失之坦然，得之泰然。

人生最重要的是要向前看，要让自己快乐，要让身心自由，要为完成使命努力，实现自我生命的价值。与这个目标相比，人生再复杂的问题，我们都能简而化之。为了实现这个目标，即使再简单的事，我们也会视作一项事业而做到精益求精。简单不是绝对的，复杂也可以是相对的，简单和复杂的辩证关系暗含丰富的人生智慧，只要我们牢记人生的终极目标，就能从生活的简单看出复杂，从复杂中理出简单。

变化与平衡

大千世界、万事万物都存在一种复原力，此消彼长，最后达到一种平衡状态。

为了生存，我们向自然界索取赖以维持生命的资源，如果在自然生物链的调节范围之内，我们并未明显感觉到自然界为恢复平衡而产生的应对变化。然而，如果向自然疯狂攫取，破坏了调解平衡的限度，那么我们就会遭到自然的惩罚。近几年来，因自然环境的破坏而引发的各种自然灾害触目惊心，让我们恐惧不安。这些惨痛的经验除了展现平衡的力量存在，也让人们

画的结构要平衡，人际交往要遵循交换的平衡，大千世界的运动是趋向一种平衡。

深刻地感受到：人是自然和谐整体的一部分，人应该是顺应自然的；人定胜天只是在自然许可的范围内，人们按照主观意愿成功改变自然的小小例证而已。

人与人互动也存在一种生命力的驱动，其目标也是均衡的。

从个体上讲，人的生命历程是运动变化的，命运的沉浮、成功与失败、获得与

付出，整体都是趋向平衡。为此，我们应该从整个人生的角度看待人生的沉浮和恩怨，面对遭遇的挫折与成功，我们应该有"卒临天下事不怒不惊，常见四海人不卑不亢"的境界。要学会放下恩怨情仇，以一颗平常的心，顺其自然地面对未来。

人们常说：上帝为你关闭一扇窗，就会为你打开一道门。生活有阳光也有乌云，走过苦难一定能赢来幸福。当然，这种命运变化的力量离不开我们的积极努力和奋斗。要知道，在世界矛盾的变化中，外因只是条件，内因才是变化的根据。毋庸置疑，我们命运变化的动力是内心寻求和谐的生命力。

人与团体相处也不例外。心理学认为，人是具有社群性的，为了获得安全感，一方面人需要认同与归属团体，个体成为团体的一员；另一方面团体也需要个体的引领。当个体从团体中汲取资源和力量，具有榜样的感召力时，个体就会从团体中脱颖而出，主动引领团体的发展。正如"火车跑得快，全靠车头带"，是什么样的个体领导，自然会形成具有怎样鲜明个性的团体。

这启发我们先适应团体，努力从中获得安全感，然后从中努力学习，获取个人发展的资源。如果要超越群体，个体就要和团体和谐相处，否则易受到团体的排挤，从而无法从团体中获取有益于自身成长并超越团体的营养。

对于一个家庭，和谐与平衡也很重要。家庭是幸福的港湾，作为一名家庭成员，我们都能从这个幸福的港湾中获得休憩和爱的滋养，但这不是永远平衡的状态。因为家庭成员都是独立的、有生命力的个体，而且生命的运动是不以个体的意志为转移的，和谐平衡终究是动态变化的，随时有可能被打破。比如，父母都忙于工作，耗费了许多精力，孩子就会被忽视，没有获得应有的关注和爱，那么孩子生命力的积极方面就没有获得长足的发展，很可能会因不良的学业和行为而损害家庭的美满与和谐。也就是说，孩子以消极的力量与父母积极的力量相抵消，以家庭出现的危机而达到一种新的平衡。在中国经常传诵一句民谚："富不过三代，穷不过三朝。"这就是最好的诠释。生活中"纨绔子弟少伟男"的现象层出不穷，我们常用这些来激励寒门子弟，牢记"英雄不问出身"，鼓励他们要穷则思变等。如果家庭中子女出了问题，父母一定要从自身找原因，可能是家庭生活方式营造的家庭文化影响了子女人生发展的轨迹。无论如何，人的精力是有限的，一方面投入得多，另一方面一定投入得少。

世界是矛盾的，也是运动变化的，力量的发展遵循对立统一的规律。人的生命力的变化也是力量的对立、运动与平衡。希望主宰自己人生的人，要统筹自己生命的能量安排。和谐是动态的，我们要学会放下，还要积极迎接未来。宇宙万物力量的变化与平衡是我们必须遵循的一种人生哲学态度。

丑石

人挪活，树挪死。你是一块丑石，弃在山里无人知晓，也没有什么价值。然而，当你走进人间，可能就派上用场了。可能被石匠削磨，用作房屋的基石，坚固主人的房屋。还可能被地质队员发现，疑是天外飞来的陨石，具有研究外星生命无法估量的价值。很快，你马上就会一鸣惊人，价值连城，可能被收藏在博物馆里，供人永久观赏。你可能就是极丑的一块石头，干什么都不成，但是

山不在高，有仙则名；石不在形，有独特价值就行。发掘我们的潜能，铸就自己的辉煌。

你丑到极致，让人过目不忘。在寻石人心动的那一刻，开恩把你带回城里，放在他大大小小的石头中间。他不经意间这么一放，竟意外让你崭露头角，抢去了其他石头的光彩。因你丑得格外突出，奇异非凡，身价也节节攀升。

你铸就了平凡的神话，神话造就了你不平凡的价值。自然界变化的道理告诉人们：自然界的任何东西，随地球的年龄一样，能演化到今日，都有其不可比拟的价值。只要走进世人的生活，流转于人海间，就一定会在某个时刻或特定的环境下，显露自己独特的价值，而受到世人的垂青、供奉，甚至膜拜。社会哲理也是这样：

天时、地利、人和，能使一个平凡的人成为历史的伟人。中国历史上陈胜、吴广就是这样，他们是一介草民，却因揭竿起义，反抗秦朝暴政，建立张楚政权，最终成为一代枭雄。这真是天生我才必有用！只要我们主动地发现自己，在合适的机会推销自己，就一定能彰显自己存在的价值，为此，你一定不要轻视自己，因为每个人都是生命上亿年的进化，也是父母独特基因的组合。独特性是我们存在的价值。不同的生活经历又形成你不同的思想、人格，乃至行为方式，我们每个人都是一部特殊的历史。它前无古人，后无来者，这就是你独特的价值。不管外界如何，我们千万不要瞧不起自己，而是要重视自己、悦纳自己。你可能是一块丑石，却有自己独特的价值。

我们一定要明白：你不同于自然界中无生命的东西，只能被动地等待世人去估量价值；你是有思想的，要主动走出自己的生活圈子，行万里路，识千万人，积极寻觅合适的位置，彰显自我的独特价值。

人说：自助天助。只要自己努力了，上天也会垂青你。中国有句谚语：只要功夫深，铁杵磨成针。只要自己强大，任何人都无法打败你。聪明的你要把握好自己。是行动的时候了，不要徘徊、观望、等待、自暴自弃。我们每个人生活得都不容易，在世人眼里的伟人、成功者，也是经历了打拼，才铸就了自己的辉煌。

泉州是福建最有活力的城市之一。走进这个城市，我们随处都能听到致富的故事，甚至神话。短短十几年，泉州的服装、鞋子占据了中国大半个市场，资产过亿的企业家不胜枚举。泉州人行走匆匆，街头巷尾、饭桌茶室，都是在谈论如何创业。驱动他们的力量是来自内心那首歌——《爱拼才会赢》："三分天注定，七分靠打拼。"这神圣的歌词，已经幻化成泉州精神的一部分，激励着热血的年轻人去拼搏、去行动。

机会总是留给有准备的人，只要不惧困难和失败，跌倒了再爬起来。即使是一块极普通的人间丑石，我们也依然可以矗立天地间，宣告一个具有独特生命价值的个体诞生。

天生我才必有用，爱拼才会赢。这是我们的精神信仰，应该是我们内心深处永远不落的太阳。

不屈服命运安排的人们啊，起来吧！

你是一块丑石，只要爱拼、敢拼，那一定是一个从草根走向神坛的传奇。

做什么事都要适可而止

在中国历史上，常常有人到了大红大紫之时，却要马上收手，在大众视野中消失，这叫急流勇退。为什么要这样？何不永葆青春，追求极致，尽情占有人们的追捧，享尽世上的荣华富贵呢？

根据常理，人应当追求自我的不断超越。没有哪个傻瓜会主动放弃到手的财富、声望和权势，拱手退出风光的历史舞台。对于成功，人是会上瘾的。只有满足递增的欲望，人才能感觉到成就和快乐。

湖中的鱼要疏密有致才有美感和情趣，太多或太少不仅不利于鱼儿的生长，也没有欣赏的美感。我们喜欢有点小缺点的好人，"高大全"的人我们并不喜欢。

可是就有这么一些"傻人""愚人"，他们主动选择隐退，甘愿过常人的日子，求得怡然自乐。他们潜藏在寻常百姓的巷陌之间，悠然自得，安享属于自己的淡然与宁静。他们淡定的笑语洒落旷野山涧、古镇小街，他们内心的快乐、闲适，无人知晓，难得有人体会与分享。这是生命最舒泰的境界，随性、自由，内外通透，没有外在的压力，活脱脱做回了自己。这种日子是神仙过的，是连唯我独尊的天子也享受不到的自由，我们每个人都会羡慕不已。毕竟人走到顶峰，都有高处不胜寒的体验。因为你已经开始活在荣誉、名利的角逐中，众人的希望、喜欢和你的面子、

尊严已成为决定你人生方向的驱动力，你已失去了自由，不知不觉间已沦为众人意志的玩偶。那些急流勇退的人，他们才是最了解人生的智者，人的一生最大的快乐是自由。

世界上任何事物都是发展变化的，也是矛盾的，矛盾的变化是对立统一的，所以我们追求的任何事物一开始都是新事物，具有发展的积极因素，但在一定条件下开始变化，朝向对立面发展。这就是说，我们朝向期望的目标发展，当目标达到之后，达到了矛盾的统一，如果再往前发展，其结果是由统一走向对立。这也就是我们通常认为的"物极必反"。可见，任何事物走向了极端，都会向相反的方面发展，也就是所谓的走下坡路。但是，从哲学的高度讲，这是前进中的倒退，整个发展过程则是螺旋式的上升。发展是事物的本质属性，正所谓"人间正道是沧桑"。但是，从人生的有限性来说，达到极点后的变化则是"乐极生悲"，如生活中的"名人是非多"。实际上人一出名，就开始自我膨胀，不停地突破道德与法律的约束，也开始以本我的方式，发泄以往成名奋斗中遭受的压抑。这又往往使"名人""出名的人"走向异化，开始自我毁灭。一般认为，社会把名人捧得有多高，其自负、摆架子、显阔等的自我膨胀力也就有多大。如果这些名人在发展过程中能适可而止，或适时隐退，把成名后的自己定位在一般人行列，那么就会减少自我的膨胀、浮华、自负的负面能量，这反倒成为他人生幸福的最大保障。当然，如果能静下心来，采取健康有益的方式，化解内心郁积的压力，低调做人，也可以避免自我的迷失与膨胀。

适可而止是一种人生境界。在事业巅峰之际，选择急流勇退的人，是把视野转移到内心的精神世界里，体验生命的和谐，反省自己的内心，净化心灵，领悟生命的意义，等待下一个梦想的出发。

第六章 感恩

　　人的欲望是无限的，总想得到得多而付出得少。然而，这正是人不快乐的根源。因为人与人之间遵循公平的社会交换法则，得与失是平衡的。正如世上没有免费的午餐一样，有多少付出就会有多少相应的回报。如果怀着这样的心态，努力贡献，我们就会放下很多烦恼和痛苦。

　　世界是平衡的，一切都是最好的安排。如果怀着感恩的心，重新审视人生的得失，我们就会以积极的心态看待周遭的不幸，这样反而会让我们获得快乐。因为命运遭遇的任何一件事，无论是得到还是失去，它都是来拯救我们的灵魂，让我们走向成熟。有了感恩，我们就没有了抱怨，而是想如何更多地回报，所以心怀感恩的人就会生活得有激情，天天有干劲，处处感到满足与快乐。

学会感恩

　　学会感恩是当前社会呼吁要重视的教育内容。在商品经济的浪潮中，人们相互竞争，以占有财富来彰显存在。人们只关注索取和占有，总害怕积聚的财富太少，唯恐手头的资源贬值。于是乎，人们受这种风气的影响，正如挂在商家门前的腒狌，贪婪地吞

感恩父母，感恩生活，感恩我们遇到的一切。感恩是基于对世界矛盾论中统一属性的认识，它是一种对生活的重新审视。

着金币，鼓胀着肚子只进不出。无疑，这一街景是中国商家，也是目前社会许多人心态的真实写照。

在这种社会现实背景下，人们之间多了抱怨、争吵、过河拆桥、急功近利，少了彼此的关爱、责任与奉献。为了利益的分割，经常出现同事拆台、夫妻反目、老人无人赡养、社会公益没人重视等现象，整个社会陷入利益追逐的漩涡。在财富的驱动下，人们不断追逐利益，社会自然资源遭到过度开发，使环境遭到毁灭性的破坏，许多人的行为开始失去了道德的约束，各种伤天害理、违纪犯法的事件层出不穷。虽然因为一时的成功，他们有光鲜的面孔、时髦的衣着以及豪华的居所，但他们并不快乐。除了"金钱"二字外，他们一无所有，内心极度空虚。

当我们终于有时间和机会放下早已倦怠的工作，静下心来，扪心自问，反思走过的路，我们终于发现：那颗感恩的心丢了。

没有了感恩，我们对生养我们的地球失去了敬畏，疯狂地开发与占有，挑战它的自我修复能力和再生能力。没有感恩，我们丧失了良知，失去了人性，在人和人的交往中，为了快速地占有财富，尔虞我诈，冲破道德底线，甚至强取豪夺。就连我们赖以生存的家庭，由于没有感恩，让亲情充斥着利益，使家庭成员缺乏温暖，充满抱怨、争吵，甚至反目为仇，冲破人和人之间信任的最后一道防线。无疑，从这样的家庭走出的人不相信任何人、不相信社会，经常处于焦虑、警惕中，我们没有了起码的社会安全感。

感恩为何有这样大的力量？这主要因为感恩是在人与人交往中，对别人所做事情的一种承认和认同，不仅是对别人的关心和帮助心存亏欠之意，而且努力去回报的一种行为。可以说，感恩是一切道德的基石和核心。当心存感恩，我们就能体验到温暖，发现生命中的任何东西、与你交往的任何一个人、相遇的任何一件事，都对你的生命成长都具有很重要的价值，曾经对你的生活产生了积极的影响和作用。正是基于这个认识，我们才会怀着歉意，力图去回报。如果以这样的心态去面对你的周遭，你就会宽容、谦让、乐于奉献。显然，每一次的感激和回馈，你自始至终都是快乐的，而且从心底也会认为这是你应尽的责任。可以说，感恩是一种心悦诚服的感动，是爱是付出，也是爱的流动，更是爱的动力。人与人之间的关系因你真诚的爱与付出发生了神奇的变化。无疑，哪里有爱，哪里就没有争吵、猜忌、抱怨和欺骗。推而广之，如果每个人都有感恩之心，社会就会充满爱和温暖，就没有贫困、欺诈和冲突，社会就会处于真正的和谐之中。

人们因有感恩之心，就会对大自然环境心存感激，认为地球上一切事物都是有灵性的，进而进行生命的交流和互惠。我们内心敬畏大自然，铭记它为我们带来的阳光、空气、水和食物，也让我们生活在色彩斑斓的植物王国中，与各种各样的动物为邻，让我们生命不孤独，与大千世界和睦相处。

感恩使我们认识到人类与大自然是共生共息、彼此呵护、相互依赖的共生关系。怀着感恩的心，我们才能充满大爱，学会包容，创造地球各种事物之间的和谐关系。感恩，一个神圣的字眼，值得我们回味无穷。

感恩是我们获得快乐的源泉，它使我们学会承担责任，使我们救赎人们道德的沦丧，使我们得以与周遭和谐相处。常怀感恩的心，我们的人生就会充满无穷无尽的美好。

感恩，是我们亟待唤醒的心底的一份神圣。

感恩是一种人生智慧

人在谋求生存时会遇到各种各样的问题，正所谓"人生无常"。本来情理中的事也会因意想不到的变故或不为知晓的人为因素而发生变化。这意料之外的结果往往让人失望、气愤、抱怨和感到不平。过不了多久，这种消极的

从感恩家人开始，学会感恩是人生的快乐必修课。

情绪很快就会影响我们的生活。当我们静下来，思前想后，这种抱怨的情绪往往容易使多数人产生错误的归因——世道不公，也可能固执地认为这是某位领导做事太霸道的缘故。其实，可能根本不是你所想的那样。然而，你却郁郁寡欢，生活中充满消极的情绪，结果是用别人的过错或想象的缺憾来惩罚自己。

如果换一种心态和视角来看待这件事，可能对你会更好。不可否认，从感恩的心态看这些自然造成的挫折或人为的不公平，可能对我们脱离目前的窘境会更加有益。因为，不幸和挫折不仅能丰富我们的人生阅历，增加脱离困境的方法，而且还会磨炼我们的意志，让我们更加坚强。同时，我们也能使心理获得成长，积极看待不幸，明白"人生不如意十有八九"，困难的事总会过去，危机过去可能是绝处逢生。不用说，能领悟到这些人生的真谛，我们真应该感谢这些艰难生活的馈赠。

感恩生活遭遇的磨难，它会促使我们反省，提升我们的精神力量。当遇到不幸时，我们才能静下心去认识自我与社会。如果客观剖析，发现是自我的问题，我们会努力改正，提升自己的修养和人生境界；如果是对方的问题，也让我们真正知道了芸芸众生还有这样的人。人生路上感谢遇上他吧，由于他的存在，激起我们好胜的勇气，让我们不仅努力克服弱点，还发奋学习与工作，不断提高自己的能力和水平。当自我拯救的能力提高，我们对周围的影响增大时，对方就会对我们刮目相看，这会使我们赢得了应有的话语权，过有尊严的生活。人常说：塞翁失马，焉知祸福。经历并超越这些艰苦的事后，我们不仅获得了自尊，也认识到自己是有独特价值的。这种体验和满足不会很快消失，它能进一步激发我们的潜能，迎接人生不断的挑战和超越，积累别人不可轻视的力量。令人欣慰的是，我们在这种经历中也逐步走向成熟。为此，我们一定要感恩他。感恩是一种让人心胸宽阔的情绪体验，只要心怀感恩，我们就没有了抱怨和纠结，把所有的伤痛转化为发愤图强的力量，积极开发自我的潜能和价值，谱写人生辉煌的篇章。

推而广之，感恩还能让我们正确看待社会存在的各种现象，减少抱怨，积极确定自己的人生目标，激发自我发展的强劲动力。我们都希望有尊严地生活，但面对社会的弊端和人性的弱点，我们除了活着的躯体外，可能一无所有，真的拿不出什么资本讨回我们应有的权力和利益，也赢不了应有的面子、公平和尊严。然而，如果我们怀着"天将降大任于斯人也，必先苦其心志，劳其筋骨，饿其体肤，空乏其身"的信念，我们就会感恩遭遇的磨难，积极把不幸与挫折转化为发愤图强的强大动力。尤其那些不愿屈辱承受命运摆布、期待有尊严生活的人，一定会苦练内功，在强大自我的过程中，努力提升自己的力量，使自己获得一步步的超越，直到变得更加强大。

感恩会让我们认为世界是公平的，对社会和自己的未来充满信心。自然界的万事万物，相生相克，互为依赖。然而，人为的干预、人性的私欲让社会产生不公平，还滋生了歧视、傲慢与偏见。如果我们要想争取平等、尊严和公正，就得努力奋斗。毕竟，人类社会的逻辑是成王败寇，强者就是世界、生活的主宰，弱者就会遭受欺辱。虽然我们的出生是没有办法选择的，不过，我们以后走的路却是可以选择的。虽然世界的发展有许多的不确定，然而世界却是一刻不停地发展与变化，这种变化给我们每个人提供了一个最公正的平台。无论如何，我们的身份、地位、才学、财富都会变化。常怀有感恩的心，我们就会积极看待磨难，追随变化，抓住这一难得的机遇，努力创造属于自己的幸福人生。

好好感恩吧！因为感恩会让我们变得强大与成功。

感恩生命中遇到的任何事，因为它们走进我们的生活，是上天对我们生命的恩赐。它们是为了激励我们学习和进步，是为了帮助我们认识社会和人生，是为了促进我们人格的成熟和发展。

学会感恩生命中遇到的任何人，有他们的陪伴，我们的人生才不寂寞、不孤独。学会感恩，因为有他们与我们一起携手走漫长的人生，从而让我们平凡的生命有尊严、有爱、有创造。

学会感恩吧，这是人生的一种态度，也是人生的一种智慧。

婆媳关系的处理

皮亚杰认为，认知的发展是通过同化和顺应两个过程。顺应是放下自己，与外界保持一致；同化是改变外界，使其纳入自己的认知结构。通过这个过程，已有认知结构与外界环境达到适应。个体的智慧由不平衡达到平衡，不仅使智慧结构发生变化，也提高了智慧水平。如何处理好婆媳关系？也就是将不平衡调整到平衡状态，我们一再强调"孝顺"，很符合皮亚杰的认知论。

同化或顺应它，旨在与它浑然一体，成为它的一部分。要想走进一个人的内心，你必须成为他自我概念的一部分。

媳妇与婆婆没有血缘关系，本不是一家人，由于儿子缔结婚约，年轻姑娘才成为媳妇而走进婆婆的家。这是皮亚杰认知发展中的"不平衡"状态。这里谁适应谁的问题，常常成为协调处理矛盾的焦点，也是出发点。

孝顺，是要求媳妇要顺应婆婆，即要宽容、接纳婆婆的价值观以及其生活方式。媳妇要放下自己，做出臣服的姿态。这不仅仅是一种美德，也是一种智慧。说美德是媳妇要有感恩之心，正是由于"婆婆"的养育才有了自己心爱的丈夫。爱自己的丈夫，就要接纳、孝顺自己的婆婆，有了感恩才能无条件接纳婆婆，所以美德的道理很容易明白。说智慧，也就是先顺应，成为婆婆的自己人，才能同化婆婆，达到婆媳关系的和谐，也就是皮亚杰说的平衡状态。因为顺应了婆婆，在家庭事务的处理上，媳妇与婆婆和谐相处，婆媳也就没有冲突了，不仅减少了紧张与不安，而且不会滋生新的隔阂。婆婆终于从心理上认同媳妇不是外人，与自己是一个家庭的，就会相伴而生积极的情绪。一旦产生这种刻骨的体验，婆婆内心深处就把媳妇纳为自我的一部分，就会形成新的自我家庭图式。

社会心理学认为：自我图式对外界信息的加工具有启动效应，这是自动化的过程。媳妇成为婆婆自我图式的部分之后，婆婆就会对媳妇产生积极的印象，从而悦纳媳妇，把媳妇视为自己的亲闺女。一般人眼中的婆媳矛盾此时转变为"母女矛盾"，即矛盾的性质是自家人的内部矛盾，而不是与外人的所谓"外部矛盾"。

可以说，媳妇蜕变为"女儿"，就没有了婆媳之间先入为主的"外人"的偏见。外人眼中的媳妇却成为婆婆自己心中最疼爱的人，婆婆就会不由自主地接纳、宽容，甚至会为媳妇改变自己。

伴随着交往的加深，媳妇既有的观念和想法逐渐地渗入婆婆的老习惯和保守的思想中，甚至改变婆婆多年来形成的处事风格。

纵贯全程，先顺应后同化，这是婆媳关系处理的玄机和精髓，也是处理人与人之间关系的法宝。

万事开头难，让一个具有独立思想和个性的媳妇暂时放下自我，做出顺应的姿态的确很难。不过，除了感恩的美德外，还要怀着远大的"同化"目标所产生的动力，才能够超越自尊的羁绊。为了能心情愉快，平稳践行"顺应"，这需要我们做好以下几点：

第一，要明确与对方融为一体的意义。有远大的抱负，才会产生不竭的动力。不管是婆媳相处，还是与其他人共事，明白了必须与对方保持融洽的关系，或者要成为对方最亲密的人，将对以后和谐的生活乃至事业的发展至关重要，你就要为此不计前嫌，淡化差别，积极顺应对方。

第二，自我激励，勇敢迈出第一步。怀着积极的心态，暗示自己"我现在要融入对方的世界，要设法从对方的角度看问题，不指责、不反对，无条件接纳对方"。无疑，迈出第一步，标志着你身心的转变，进入"顺应"的神圣历程。有了第一步的启动，就为下一步平缓的迈出做好了心理上的准备。

第三，经常鼓励，积蓄前进的动力。自己喜欢自己容易，让对方喜欢自己不容易。每一次顺应成功后，要及时自我赞扬，把每一次的互动视为一次对自己的挑战。若出现矛盾，及时调整自己，努力抓住下一次机会。经常回忆已经取得的成就，认知结构就会重新建构，对待婆婆的态度也会开始变化。

第四，要反思、要总结。要形成一个反思的习惯，对发生的事无论成功与失败，都要进行理性的分析和思考，挖掘其内心的需要与价值。人是理性的社会动物，掌握了对方的思想观念及外在的表现方式，就为自觉地顺应对方提供了有效的方针和策略。

如果按照这种方式坚持下去，不用多长时间，你就会融入对方的世界，成为对方观念中的自己人，进而获得对方的宠爱和关心。

记住，从同化和顺应去处理婆媳关系，这是一种积极的应对，更是一种感恩的互动方式。

学会尊重学生

尊重人是一种美德，是放下自己，体会对方的思想和情感，努力和对方站在一起。尊重是一种人人平等的观念。人的差别来自后天的环境，主要是来自社会分工和个人修为。只有持平等观念的人，才会在任何环境中，放下自己的社会身份和地位，以一颗爱心对待相遇的任何生命。

尊重是维持和谐人际关系的重要条件。学会尊重学生，才可能获得学生的尊重，师生间的教学相长离不开尊重。

尊重学生是教育的本质要求，也是教师的职业道德。教育的目的是促进学生的发展。学生的发展是全面的，作为"灵魂工程师"的教师，不应该只是埋头传授书本知识以满足于应试教育，还应该尊重学生的个性，注重长善救失，促进不同个性学生的发展。有了尊重学生的认识，教师就会在教学中努力做到不伤害学生，以学生为本，多站在学生的位置考虑问题，宽容接纳学生的各种见解，在平等讨论的基础上引导学生自我发展。在信息多元化的时代，学生接受的信息要比老师快和多，老师知识权威的地位已经被打破，有许多东西学生懂而老师未必掌握。中学已经出现这种端倪，大学表现得更为突出。只有坚持尊重与平等的观念，教师才能放下自己，尊重学生的人格，从学生身上学习，获得教学相长。同时，在这种尊重、平等的学习环境中，不仅能促进学生的学习，还能促进学生心理的发展。在多元文化的社会背景下，尊重、平等是教师必须具有的人生价值和观念，也是教师职业化发展的必由之路，否则教师将很难赢得学生的认可和接纳，很难与学生相处。尊重是教师人格魅力的体现。

尊重学生是教学成功的重要条件。那么，如何做才是真正的尊重学生呢？

教师要怀着一颗感恩的心。没有学生就没有教师，这是矛盾的统一体。教育过程就是师生互为主客体的对立统一。中国有尊师重教的传统，但是没有教师感谢学生的习俗。教师一直是高高在上的权威，只关心自己讲的东西，不考虑学生学的问题。教育事业的繁荣促进了教师队伍的发展和壮大，如果没有了学生之源，就没有教师之水的流淌，教师要感恩学生使得自己有了人生价值的实现渠道，有了施展才能、事业发展的平台。有了这种观念，教师就会爱护、尊重每个学生的独立人格，关心和了解学生，积极改进教学方法，努力钻研业务水平，促进教学水平和效果的提高。

尊重学生不能纸上谈兵，要付诸行动。教师要重视神圣的课堂，一踏上讲台，内心就要涌动出感恩之情，打心里对学生说："谢谢同学们，给我这次向你们授课的机会。"在授课期间，无论是对学生的启发还是明确的指导，教师要慎用或不用批评以及责备。要知道学生是有自尊的，无论出于什么样的好心而对学生指责、训斥、谩骂，都会伤害学生的自尊。对于不一致的观点，教师首先要认同或理解他的回答及行为，然后站在自己的角度说出内心的想法和建议。如果一时没有解决问题，要允许学生犯错误，耐心对待他成长中的错误。人常说：察其言，观其行。教师对生命的尊重和关爱，通过思想及行为的一致会对学生产生潜移默化的作用。

教师要激发学生参与课堂，承认每个学生发言的价值。老师要有这种理念："最错的回答"就是最好的教学案例，也是最好的学习，并对学生表示感谢。教师要表扬他这种勇气和学习态度对丰富其他学生的思想所发挥的重要作用。由于学生的基础不同，禀赋存在差别，教师要尊重每一位学生，尤其是差生，不要歧视他们，要鼓励他们学习。教师还要关心他们的心理，帮助他们树立信心，要有"不放弃"的态度，积极促进学生的转变。如果教师坚持这种理念，就能营造一种民主、宽松、充满活力的课堂气氛，吸引学生主动参与学习、快乐学习。

教师的尊重教育不仅要体现在课堂，而且要渗透在课外活动中。教育是没有时空限制的，课后的教育学生活动具有课堂无法企及的优势。课外教育是学校教育的一部分，在课外宽松、自由、有趣的气氛中，学生不仅充分展示个性，还能自由表达思想。如果教师是尊重学生的，就容易走进学生的内心，真正了解他们的喜怒哀乐，这为针对性地教育他们提供了丰富的第一手资料。在尊重的理念下，教师与他们平等地活动，由于近距离的交流，不仅增强了心理相融度，赢得了学生的信赖，而且极易对学生进行思想教育，培养他们正确的人生态度。

学会尊重学生不是一件小事，这不仅能成就教师自我实现的教育梦想，也为社会培养出许多有思想、有爱心的建设者，有助于推动这个伟大时代产生一大批品德高尚的、有社会责任感的优秀人才。

有一种感恩：宽容

人和人之间的社会行为是合作与竞争。人的天性是趋利避害的，为了获得更多的生存资源，竞争经常渗透在我们互动的行为中。竞争可以刺激人的好胜欲望，从而促进社会生产力水平的发展；但竞争往往也造成彼此的冷漠和伤害，影响个体生活幸福感的提升。生活中有点竞争确实能激活人与人之间生命的活动，它也是一种创造社会财富的动力，但是一定要把握火候，即"度"。也就是说，要遵纪守法，不要超越一切伦理道德地一味去争个输赢。尤其在竞争趋近白热化的时候，我们不妨退一步海阔天空，给对方一个保护自尊的空间，也给自己留一份宽容大度的美德，这种处理方式会让彼此都获得生命的发展，使每个生命的潜能得到进一步的展现。还有一个更大的收获，那就是让彼此都体会到人性的美好，感受到生命存在的价值和意义。要知道，每个人一来到这个世界，都是孤独的、没有意义的，只有进入社会中，在与其他人的互动和交流中，我们才能体现出自我存在的价值。我们的价值和存在又都是以别人为参照而获得的，有了另一个生命的陪伴和互动，才衬托出我们生命存在的所有意义。既然如此，我们应该感恩生命中邂逅的任何一个人，无论竞争或者合作，都是为了生命得以存在和发展。如果没有这个对立面，我们哪里会有好胜的表现而与别人一争高低呢？因为有他们的陪伴才显示我们活着，有了他们在做事才激励我们为避免落后而努力做事，所以不应该把对手逼上你死我活的绝境，要适可而止，给对方留下一点享受美好人生的空间，努力避免两败俱伤的悲惨结局。

实际上，在我们的人生中，与别人的任何互动、竞争都没有绝对的成功与失败，表面得到的背后也意味着一种失去。中国汉字"舍""得"的诠释是"舒"，我们给予对方好似舍去，实际上是获得了内心的"舒"畅。只有给别人才能获得，也体会到舒畅的心情。否则的话，争得两败俱伤，彼此留下永久的伤痛以及没完没了的报复。如果生活陷入这样的怪圈，人生也就演化为无休止的争斗。如果循着这样的轨迹生活，即使有再多的财富，再大的声望也毫无意义。

山外有山，人外有人。既然世上没有绝对的极点，那么我们的成功也都是相对别人前进了一步，切不可全身心专注一件事而迷乱了我们整个生命的和谐与统一。

我们要始终明白，生命的初心是寻找快乐。我们有成功的需要，但是享受人性的美好更重要。人生做事只有适可而止，我们才会内心淡定，用心去体会到生命的美好。人是社群性的，我们因他人的存在而衬托自己的存在价值，我们要多一份感恩与宽容。

各美其实，美人之实，美实与共，天下大同。

荠菜饺子

荠菜，草本植物，全国各地都有种植。洗净焯水后，可凉拌、作馅，味鲜美。这就是我了解的荠菜。许多年来，我早已忘却了它，因为在贫困饥饿的年代，它经常作为口粮充饥，长大后，生活条件好了，已不再到地里采摘它了，所以，这不登大雅之堂的野菜就封存在我的记忆中。

今天我在小区的早市遇上了荠菜，这又让我再一次想起童年荠菜的故事。

饺子是北方传统的美食。吃荠菜饺子是许多在外漂泊北方人的美好记忆。乡愁离不开家乡的味道。

在印象里，荠菜包的饺子是小时候不可多得的美食。这主要是在北方漫长的冬天，绿色的蔬菜很少，尤其是新鲜的几乎没有。因为 20 世纪七八十年代还没有大棚技术，人们吃的是冬贮的大白菜、土豆和腌制的雪里蕻。冬季，大地一派隆冬，残雪覆盖田野。春节过后，大地回暖，田埂地边或泛青的麦田里就会长出一簇簇绿色醒目的植物，这就是寒气未消的春天里早到的荠菜了。

经过一个冬天的休眠，大地才冒出的第一抹新绿，它不仅让人感觉到春天来了，更让人们尝到了新年第一口大自然的馈赠。

当冰雪消融、大地泛青，北方农村的麦田里总有一些顶着料峭春寒挖荠菜的人。他们采下翠绿的荠菜，摘掉根须，然后洗净，丢到煮面条的锅里。随着面条在

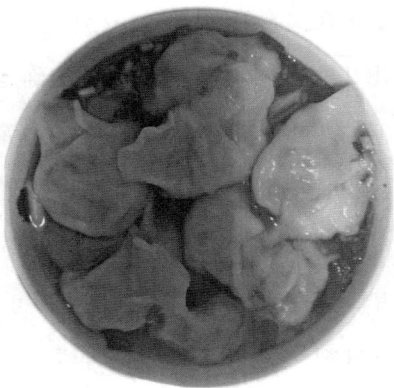

沸水里的翻滚，整锅汤面就有了诱人绿意，尤其是冒着淡淡的幽香，让吃面的人忍不住咂咂嘴巴。

然而，荠菜最好的吃法，不用说，应该是做成饺子馅儿了。

荠菜饺子，就是在告诫人们新的一年到了。

这是童年，在那个贫困年代最美好的记忆。

然而，真的很有幸，就在时隔几十年的今天，我在小区的菜市场竟然看到有个农民在卖荠菜。起初，我不相信自己的眼睛，我带着疑惑、兴奋，从他的篮子里拿出几株，凑在眼前细看。这的确是荠菜，只见叶片的边缘由于霜冻已经变红，但中间的花蕊却很翠绿。这位老农的荠菜叶片肥厚，从中间向外疯长，似朵菊花，这和我小时候北方见的小荠菜形成鲜明的对比。

北方的荠菜叶片短、细、翠绿、筋脉较硬。相对而言，南方山区的荠菜采得较早，经过霜冻，每株红绿相间。我掩饰不住内心的喜悦，想南方的荠菜该有另一番滋味吧。仅凭是山地间的野菜，就会让我垂涎了。我不问价格，毫不犹豫买了一斤。

由于中午的菜已买，手头的荠菜只能留待第二天了。然而，看着这鲜嫩的荠菜，我禁不住诱惑，就买了肉和饺子皮。那天上午，我怀着期待，决定吃荠菜饺子。

不到中午十一点，我就放下手头的活，认真调馅，做起了荠菜饺子。

我包得很认真，似乎是在做艺术品，因为食材太珍贵了。对于吃荠菜饺子，它不仅是一种美食，更是一种童年记忆的唤醒。这种味道，久违三十多年了。从发现到买荠菜，再到包饺子，我内心一直都是充满兴奋与期待的。

我终于把饺子丢进沸腾的水中，我站在锅边，如小时候，眼巴巴望着。当我看着一个个饺子在水中翻滚，我的心也悬着，仿佛这锅饺子都是有生命的，在向我诉说着什么。霎时，我的心飘向过去，一幕幕与荠菜相关的故事，顷刻浮现在我脑海，它遥远、模糊，又清晰，向我款款走来……

一段不平凡的经历，凝结成许多的心中期待。我痴痴地笑，我的心和翻滚的饺子一样，充满力量和灵性。

饺子煮熟了，飘在锅里面，个个白白胖胖的。

当盛到碗里，禁不住的食欲，让我口角生津。

我傻傻地想：这充盈的荠菜饺，当我咬下去，里面会是什么样的滋味，它会是怎么样的一种感受呢？

很快，我嘴里充盈着等待消化的津液。

"这么美好的食物，我不能忽视任何一种能增加美味的体验。"我心想。我噙着口水，去拿了个小碟，放上辣椒和醋。我屏住呼吸，认真夹了一个饺子，蘸了一下辣椒，朝冒热气的饺子吹了两下。接着，我先蠕动了嘴，缓缓用力咬了一大口，然后用心细细嚼动起来。不用说，我极力用搅动的舌头辨别其中的滋味。顿时，一种清香柔软又爽脆的口感让我满口余香，这美妙的体验终于唤醒我儿时吃荠菜的回忆。此时此刻，那种难言的愉悦令我满腹幸福。

我真舍不得这么快就嚼烂并咽下满口的美味，这是荠菜饺子吗？

我似乎有点不信，更想看着这荠菜馅是怎样会有这么奇妙的口感与香味的。我摘下老花眼镜，又咬了一口饺子，把另一半露出馅的饺子放到眼前，仔细端详。我能看到荠菜的碎叶和茎秆，它们藏在有葱花、姜丝的肉末中。没错，这就是我今天买的并切碎的荠菜。霎时，一股伟大感在内心涌动。我心头袭过一阵酸楚，心生一种莫名的神圣、说不清的感恩。我心里暗暗念道："好好感恩生活，好好感恩大自然，好好感恩父母，好好关照自身吧！"

我轻咳两声，努力回过神来，感觉自己是天地下最幸福的人。因为大城市的人吃不到山野的荠菜，小城里的人没有兴致做这样的美食。北方喜欢吃的人，因北方寒冷大地还未长出这样的荠菜。南方人可能压力大，更有可能是饮食习惯，他们没有或不会包北方的饺子。我在前后不到三个小时的时间内，竟吃到了自己三十多年来想吃的美味。

想到这，我喜欢起这个地方了……

我喜欢吃荠菜的饺子。

伴随着生命历程的唤起，荠菜饺子让我体会到人生一路走到今天的不易。从小到大我一直喜欢吃饺子，小时候是由于饥饿，难得吃上的饺子会让我激动几天，这已是过去久远的故事了。今天想吃，就能很快吃到，我没有了煎熬的祈盼，这怎能不令我感慨万千呢？饺子，现在是相当普通的食物，可它却是我的生命之魂。它是父母的爱，是生活勤劳的馈赠，是童年的故事，还是生活境遇变化的晴雨表。虽然，现在我吃饺子常常是为了让单调的生活增加些变化，但是不管我走到哪里，故乡的味道已在我生命中扎根。毕竟，饺子好吃但特别容易让人发胖，出于养生，我也不经常吃，要吃就一定要吃出境界，吃出一段魂归的圆梦。

荠菜饺子，我以后不会再有的感觉，这是我今生吃饺子的巅峰。

荠菜饺子，在我梦里。

我们离自己的目标越来越远？

我们生活在一个变化的时代，各种观念、生活方式异彩纷呈。多元的价值观，不一样的生活如万花筒，让人眼花缭乱。市场制造繁荣与奢侈，让我们不停地追逐着享受奢华的脚步。

一张床、一碗饭、一瓢水、一件衣，这些足以满足我们的基本生存。当欲望被挑起，尤其是无穷的贪欲被激起，我们就会攀比、虚荣，进而走向异化，最终自我毁灭。

为了面子、显贵，人们在衣食住行方面不断攀比，追求更好。然而，我们并不开心和幸福。

相比以往，人们现在的衣食住行极大丰富了，选择也多了，更主要的是，我们永无止境的欲望被激发出来，我们不停地攀比，占有领先别人的优越地位，我们总害怕失去当前的一切，极力去获取尽可能多的财富。为了获得更大的利益，我们经常看到财富创生财富的投资，投资越多，我们的担心就越多；我们拥有优势的标准是我们对未来控制力的增强，当我们有太多财富、太多投资经营的时候，像多米诺骨牌一样，任何一处的一个倾倒，都会使全盘受到连锁的影响。财富越多，我们就越容易担心失去。

我们就这样被外在的欲望和市场挑起的需求所刺激着，像上足马力的轮子不停地运转，一刻也不敢停下来。我们试图控制财富，实际上是财富控制着我们。我们的心被搅动起来，焦虑、不安、恐惧使我们失去了平静的生活。财富让我们异化了，我们追求的财富左右了生活。回首看看草原民族的生活，他们平静、祥和、内心喜悦、没有焦躁不安的困扰，他们尊崇生死由天、富贵由命，他们活在当下，满足于每天的三餐和衣服的温暖。他们日复一日、年复一年地生活，在单调重复的生活中追求着永恒，他们和自然环境保持着和谐，始终怀着感恩的心，对周围的山山水水怀着一颗敬畏之心。人和人之间充满着友好、热情，没有谩骂和争斗。他们在洒满阳光的草原上唱歌跳舞、嬉戏，把爽朗的笑声抛洒在空气中。他们似乎没有追求，但他们的确享受着生命的快乐、自然的幸福，过着属于自己的生活，简单而富足，单调而丰富。他们与天最近、与自然最近，他们与自然融为一体。

相比而言，我们是科学主义倡导下的物质主义，他们则是追求天人的和谐。一种是不断地获得与征服，另一种是敬畏与和谐。我们从中应获得启发和借鉴，以反思自己的生活，究竟是幸福还是虚荣，是得到还是失去。草原民族生活给我们这样的启示：如果我们一味地获取与占有，占有得越多，对自然的破坏、影响也越多，为此竞争将成为主宰生活的主旋律；获得越多越不满足，就想争得天下先。于是，人与人之间疯狂地抢占资源，贪婪地敛财，国与国之间也这样弱肉强食，发动各个领域的战争。我们的家园——地球，因激烈的竞争而出现战争、冲突，人们内心更加焦虑、烦躁、不平衡、不安全。我们将感受不到内心平和的呼唤、人生的真正幸福，所有创造的文明都将成为加速我们灭亡的工具。

我们生活在自然界，人类如同任何一种动物一样有自己的生活轨迹，有责任适度地享用大自然的资源。大自然有其内在的平衡调节，如果我们违背了这一规则，永无止境地获取与占有，最终将一无所有。作为万物之灵的人，我们有能力调节人类与自然的关系，感受生命的原始呼唤，而不要肆无忌惮地践踏自然、毫无节制地繁衍，这种疯狂破坏自然的结果就是招致大自然无情的报复。

我们和大自然是一体的，生于此、长于此、死于此，我们无时无刻不依赖大自然。人和自然是一种和谐平衡，我们应该感恩大自然，要在有限的范围内利用大自然，善待大自然。人要合理化我们的物质需要，追求我们精神的解放和自由。

物质主义、消费主义至上，让我们沉湎于醉生梦死的享乐而没有了精神和灵魂。我们不要离人类的天性本然太远，要心怀感恩，敬畏自然和生命，控制自己的欲望，为的是获取并享有我们真正的生命幸福。

认真做好第一件事

人生是一个过程，从孩子出生时的啼哭起，就标志着他进入了既定的人生旅程。无论怎样涉世，生命中的力量将激发他利用四肢做事，使用头脑思考。也就是说，个体必须通过做事才能体现其身心的活动，彰显自己生命的存在。

认真做好第一件事，这是我们生命历程的起点，它为我们未来的人生奠定一个美好的雏形。

在这个过程中，人生的每个阶段都有其第一次做事的亲历。人们往往忘不掉，第一次做事前的胆怯、兴奋、途中遭遇的困难，以及成功的喜悦。随着岁月的流淌，它历久弥新，回味无穷。第一件事的生命价值远非这样笼统和简单，它对我们生命的成长有着不可低估的作用。为此，我们要认真做好人生各阶段的第一件事。

做好第一件事，能让我们体会到主体感，感受到自己的责任。如果认可并接纳了自己要做的事，就会激发我们强烈的主体意识，不住地提醒自己这件事非我莫属了。更为重要的是，从这件事的启动到目标的达成，这些都与自我的力量紧密联系在一起，它贯穿于我们整个生命。做好第一件事，我们不仅感受到责任，主体也认同并承担起这个责任，从而促进我们责任感的形成。

做好第一件事，有助于增强信心，体现生命的价值。做事就是按照意志对外界进行操作，这个过程处处体现生命意识的活动。伴随着一件事的完成，我们因某个产品的创造而获得成就感，进而勇于接受挑战，做各种各样的事。人生就是这样一个个目标的达成，一件件活动产品的完成，从而体现自己生命的价值。个体因这些成果不仅会获得社会的认可，还会获得成功的体验，从而促进自我效能感的提高。更为重要的是，我们对自己生命创造力有进一步的认同和肯定。这些无疑在增强自我价值感的同时，培养和建立了个体的自信心以及战胜各种困难的勇气。

认真做好第一件事，我们获得的做事风格会影响以后的人生。性格决定命运，不同的性格也决定了个体的人生命运。心理学认为，性格是人对待现实的态度以及习惯化了的行为方式。态度中的核心成分是价值和观念。如果明确意识这是自己独立做的第一件事，我们就会理解这件事对自己人生的目的和意义。内心告诫自己：一定要非常重视它，努力认真去做，并把它视之为自己的生命。有了这样的深刻认识，我们就会做充足的准备，即使遇到困难，也不会轻言放弃，而是努力克服各种困难，积极向别人学习。要知道努力做好第一件事所养成的认真、负责态度以及形成的学习习惯、工作方式都会纳入我们的性格中，成为良好的人格因素，将持续影响以后的人生。

认真做好第一件事，会让我们正确认识人生。人生是一个过程，随着生命的成长，不同的阶段需要做不同的事，以及完成各自相应的人生课题。人生是需要不断做事的，认真做好第一件事，以及连同做这件事时的整个经历都将是我们亲历的课堂教育。比如，人生的意义是什么？这件事的人生的价值是什么？我应该如何生活？及早地思考与获得这些问题的答案，有利于我们进行生涯规划，有助于开启成功的人生。

人生就是在做事的过程中，彰显自己生命的存在及价值，也是表现生命实实在在地活着。好的性格决定好的人生轨迹。做好第一件事，既是体现自我的潜能，也是养成良好的行为方式，还能最大限度地促进我们生命的成长，开启美好的人生。所以，无论如何，我们都要认真做好每个人生阶段的第一件事。

丽水，你好

参加完一个酒会，和朋友打车去喝茶。想到可能会回家晚，决定先给家人打个电话。

没想到找不到手机，我吓得酒醒了一半。仔细前后一想，手机肯定落在出租车上了。顿时，我心里一下慌了起来，我真的不敢想后果。

丽水，古称处州，位于浙西南。中国优秀旅游城市，首批国家级生态保护与建设示范区。

有一次探亲，我到火车站买东西，手机被扒手从后背的挎包里偷走。我不仅因此失去了多年好友的联系方式，更气愤的是，扒手在我的 QQ 上撒布了许多虚假信息，还发了许多不堪入目的淫秽图片。幸亏，我及时发现并很快改了密码，否则将会给我带来了许多负面的影响。想到这，我是越想越后怕。生性胆小的我，顷刻真有些失魂了。

我先打了电话，通了却没人接。过了一会又打，电话就变为无法接通。

有个朋友——我叫他潘兄，急忙帮我联系。然而，他也没拨通电话。顿时，我胆怯的心就有一种不祥的预感：完了，手机肯定被换卡了。霎时，我心情沮丧，有些天旋地转，浑身瘫软，没有了精神。

老潘一脸平静，底气十足地安慰："没事，在丽水，兄弟的事就是我的事，你手机是不会丢的！"

他转头又拨，这回拨通了电话。他充满磁性的男中音向那边发话了："啊，兄弟，我朋友的手机落在你车上了，拜托送到××路与路交会的××茶馆吧！我们就在路边等……"

他后面说什么，我根本听不进去，失神地望着他的手机，我疑心他是在安慰我，里面肯定没有接话的人。

虽然很迷惑，但心头还是掠过一丝的侥幸，在内心祈祷这是真实的，我也希望那个好心的哥，能发扬爱心给我送过来。我肯定会给他厚重的酬金，答谢他的义举。

时间在一分一秒地流逝，我呆站在路边，凝望着过往的出租车。

几位同事劝我：上楼喝茶。

潘兄拍拍我的肩膀，说："他到了会打电话的。"

大家都做了最大的努力，我这会平静了，内心已做了最坏的打算。

我不敢再打电话，很害怕会惊扰那个司机的心绪，使他心烦而改变送手机的决定。

这是我第一次和朋友这么晚饮酒。第一次站在丽水深秋的街头，顶着瑟瑟的凉风，眼巴巴望着，祈求惊喜的到来。

……

潘兄再一次劝我上楼等，说："他待会回来的……丽水人是很淳朴的。"

我终于说服自己，跟着潘兄上楼喝茶了。

我们聊得开心，不一会我就忘了手机的事儿。

突然，潘兄的手机响了。当听到是送手机的消息，我不顾一切，疾步跑下了楼，飞奔到路边。然而，先后两辆迎面而来的车都不是，我的心情又开始是七上八下起来。

我的心情紧张，忽而期望，又忽而失望。

我的朋友不停打手机，与司机商定交接手机的地点。

大家都很紧张，时间仿佛凝固了，空气也似乎停滞了流动。我忘记了周围一切，眼里只有来往的出租车，耳朵里只有手机通话的声音。

我和老潘在车流间穿行，忘记了一切的交通规则，脑子萦绕的只是手机。谢天谢地，我们找到了那辆车。那位司机摇下开车窗，把手机递给我。霎时，我悬着的心终于落了地，然而，却没有了兴奋与高兴。

我把早早准备好的一百元钱递给他，然而，他死话不要。

"你应该拿，这是我对你的感谢！"我说。

他二话没说，却从车窗里扔出我塞给他的钱，启动车子……

待我回过神时，他已消失在夜色中。

我很内疚，我没有让他拿上钱，匆忙之中也没有记上他的车牌号码。

我只知道，司机是个男的，他是一个丽水的出租车司机。正如，我朋友说的那样，"丽水人很淳朴，你的手机一定会送过来的"。

出租车司机是一个城市的窗口，一个城市的精神风貌全表现在他们身上。由他，我认同了朋友的话："丽水人，是好样的。"我内心也祈祷这个司机，期望天底下的好司机一生平安。

现在，我也是一个丽水人了，我会以这位司机为榜样，在平凡的工作与生活中，做一个良好的、为丽水增光的好市民！

夜深了，我喝茶的兴致全无，我一直想着这个无名的平凡司机。

我想说：丽水，你好！

第七章　品德

不以规矩，不能成方圆。

人与人相处，若没有道德，社会将大乱。无论任何时代，都应用礼俗来约束人的行为。操守、道德形成人的习惯就是品德。国家要繁荣昌盛，就要有道德和法制；人要有广泛的、长久的朋友，也要遵循为人处世的准则。

古人曰：君子爱财，取之有道。天行建，君子以厚德载物。

德，是我们心中的神龛；德，是我们做人的根本。

要有道德底线

人类之所以能创造社会文明，是因为人类能有意识地战胜各种自然的困境，不断地突破自然对我们的各种限制。

我们生存的社会之所以发展至今，离不开个体对自我的控制，离不开人们维持社会的和谐，所有这些都在于我们用道德和法律进行自

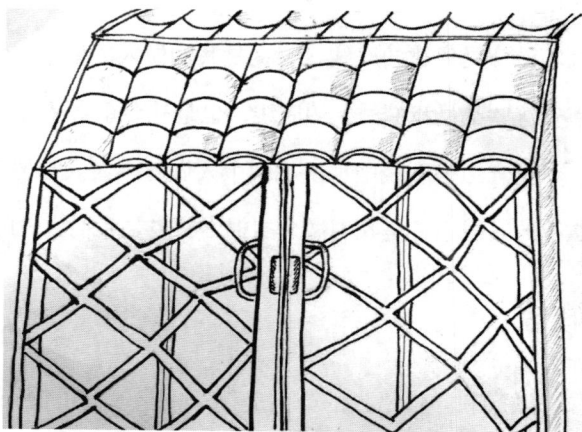

把丑恶的欲望压抑住，要坚守做人的底线。守法、有道德的人就是能守住底线的人。

我约束。我们正处于多元价值的时代，各行各业的造假新闻花样百出，如阴阳合同、假学历、假药品、假食品、仿冒名牌，等等。这些社会公害防不胜防，它们危害社会的和谐与发展。不言而喻，我们的精神世界正面临一场道德与法律的自我革命，这需要我们用自我反省的刀来摘除心上虚伪的毒瘤，重新唤醒并培养道德心。因为我们可能是虚假的抛售者，也是别人不诚信的受害者。如同自己生产的假货自己不吃，但是，别人生产的自己却可能吃了，结果人人害人，人人被害。如果人们没有基本的诚信与信仰，就没有了灵魂和道德，每个都将是行尸走肉，那么，人与人之间尤其个人内心的本我这个人性中的恶魔，就会肆无忌惮，兴风作浪，产生最丑恶的需求。它一旦成为我们思想行为的主宰，那么身心都将遭遇万劫不复的摧残，社会也将面临一场毁灭与灾难。这是我们最大的失望，它让我们的生活没有安全感，令我们惶惶不可终日，甚至随时都可能遭遇死亡。毒奶粉、假疫苗的案件，对社会造成了严重的伤害，已让我们深恶痛绝，无疑这是我们最不愿面对的结果。

在这种环境氛围下，我们每个人会遭受负面的影响，都将逃不掉毁灭与救赎的命运。

诚信是道德的底线，善良是我们做人的根本，规则与操守是人与人相处的出发点。这些都是我们做人的底线，也是社会正常运转的保障。

坚守道德底线吧！从我们个人做起，人人都要为自己的良知负责。坚守道德与法律的底线不仅是我们做人的根本，也是我们生命的保障。

诚信

诚实和守信是人的一大美德，也是人们道德修养追求的一种境界。学会做人，就是要努力做一个诚信的人。

何谓诚实与守信？为何它们对人们的交往具有这么大的作用？

任何事只要从学理上弄清楚，就容易使个体获得内心的认同，自觉地严于律己、循规蹈矩。《辞海》解释：诚实就是言行与内心思想一致，不虚假。换句话说，就是说老实话、办老实事，不隐瞒欺骗，表里如一。守信则是遵守信约，保持诚信，也就是要言而有信、诚实不欺、守诺言。

诚信的人就是不虚伪，不掩饰，有什么说什么。在人生漫长的旅途中，若与这样的人相伴，不管是促膝相坐，还是并肩而卧，他都能让人感到安全，没有担忧。不管与他如何交流，他都没有伪装与掩饰，而是言行一致。为此，我们能轻易读懂他内心的任何想法，不必去担心他言行是否一致。

诚信的人是快乐的人，口是心非的人是痛苦的人。

安全感是人的基本需要，与不守信的人交往，总会处于焦虑不安中。与不诚信的人相处，你得时刻保持警惕，还要花费大量的时间和精力去分辨他言行的真伪，这样的人生很累。不守信的人言行不一，与他共事，任何先前的准备都可能是无效的，因为他随时都有可能变化，你得不停地按着他的要求调整自己，你的期望会因他的变化而一次次落空，由此产生的严重挫败感会让你叫苦不迭。如果是人生的大事，可能会因对方的不守信而招致人生重大计划的全盘落空，还有可能会引起痛苦的多米诺骨牌效应，影响以后人生的发展。显然，与这种不守信的人交往共事，任何人都是处在不安和恐惧中。如果不守信是他心智发展不成熟所致，你可能感觉会好些；如果是出于唯利是图，那他则是十足的骗子，而你肯定怒火中烧。无论如何，这种言行不一、出尔反尔的人，与他们相处会打扰乱我们的生活乃至人生计划，或许还会剥夺我们的财富，让我们痛苦，人生处处受阻，甚而对未来失去信心。

　　与人交往时，我们不要仅凭表面是否有愉悦的印象，最重要的是了解他是否诚实守信。对方是否诚信，除了了解他的历史外，更主要的是要与他共事。不仅要细心观察他的言行，尤其要分析他处理矛盾与冲突的方式，从中就能发现他为人处世奉行的价值观。心理学认为，人格具有独特性和稳定性，即使再狡猾的人，也能在他日常的行为方式中暴露诚信与否的蛛丝马迹。如果不谨慎交了不守信的朋友，为摆脱未来永久的恐惧和不安，我们必须与不诚信的人保持距离。

　　人人都渴望生活在诚信的社会，我们是社会的一个分子，我们首先要诚信。有句名言：你对待生活怎样，生活就会怎样对待你。我们首先要待人诚实守信，对待生活要坦诚，奉行信守规则，这种人格特征会影响与我们接触的任何人，感化、唤醒他们人性中没有泯灭的真诚和守信。中国有句古语：己所不欲，勿施于人。要求别人做到的我们应该首先做到，为此我们不仅只想收获诚信，更要播种诚信。

　　诚信是社会稳定的基础，星星之火可以燎原。我们不仅是诚信的受益者，也要努力成为诚信的传递者。我们要发挥社会的主人翁精神，诚信从我做起，携手共创和谐社会。

操守

　　我们都敬佩有操守的人，每当面临获取利益与履行义务时，他们都会做出超乎常人的举动，这令我们敬佩不已。他们有一个明确、毫不含糊的底线，我们称之为操守。尤其在可有可无的模糊边界，他们也能放弃自己的利益。我们认为这种人是值得交往的，由衷感慨他们是人间真君子。

做自己该做的事，这就是责任，也是操守。有操守的人是值得敬佩的、有魅力的人。

什么是操守？从字面上解读，操守是遵守原则的意思。操守，最让人容易联想的是约束女人的"贞操"，以及"守望"二词。综合这些字义，操守是涉及道德领域的做人原则，当面临义与利，能舍生取义，始终把别人的利益放在首位，他们有很强的责任心，表现为甘于奉献的一种美德。操守不同于一般规定的纪律以及约定俗成的规则，它带有褒奖和倡导的意义，是一种舍小我保大我的人生境界。

有操守的人重视金钱的价值，但他们奉行"君子爱财，取之有道"，依靠勤劳和智慧获取财富。遇到义利得失的抉择时，有操守的人会毫不犹豫选择义而放弃唾手可得的利。他们重道德，敢于接受内心义利的拷问。

有操守的人见利不忘义，为了守望内心的仁义，可以牺牲自己的利益，他们是恪守本分的人。与朋友约定的用自己的钱给朋友买彩票，如果意外获奖，也许会有心头的一丝邪念但很快恢复理智，毅然把中奖的消息告知朋友。这一刻的"伟大"举动，使他内心体验到一种难以言状的幸福，他认为自己做了一件神圣、快乐的事。他心静如水，志存高远。面临人生的种种选择，他们始终把道义放在首位，认为道义重如山。他们先顾及他人及集体的利益，不假公济私，也不算计别人。在利益和情义之间的冲突中，他们会毫不犹豫选择情义。可以说，他们视钱财如粪土，恪守情义无价。

有操守的人勇于承担责任，有担当。不管我们的地位与身份，我们都被社会赋予了某种权力。同时，也获得了义不容辞的责任。有操守的人更看重权力背后神圣的职责。为此，他们不滥用权力谋取额外的私利，他们始终不忘初心，尽心尽力做事。他们把尽责任做好分内的事，放在心目中重要的位置。如果没有做好，他们甘愿承担责任，绝不推脱。他们不是那种只管获取、中饱私囊、斤斤计较的人，他们有担当，勇于承担一切后果。他们内心有一个道德的准绳，决定他该做哪些事，不该做哪些事。和常人最大的区别就是他们的私心小，能够克制自己的私欲，把他人的利益放在前位。与他们这些有操守的人在一起，我们会处处受感动，能激发我们见贤思齐，提升我们的精神境界，让我们过有意义的生活。

有操守的人能给我们的生活带来朝气，让我们在平凡的生活中发掘出不平凡的意义。有操守的人不仅让我们体会到人性的美好，还让我们找到生活的新目标，在有限的人生焕发出无限的光和热。

感谢，不老兄弟

人们常说："在家靠父母，出外靠朋友。"父母不能跟自己一辈子，亲戚也不能时刻陪伴和帮助你。为此，离开了父母，我们会转向身边的人，也就是一同打拼的"兄弟"。要知道，无论是挫折，还是失意徘徊在人生十字街头，朋友是最有可能给我们提供及时帮助的人。他们会与我们开诚布公，谈生活、谈工作、谈人生，这些都将促使我们逐步走向成熟，帮助我们获得人生的成功。人生路上是不能没有友情相伴的，否则我们只能孤独地度过自己的一生。

有一个近如兄弟一般的朋友，那是我们一生的福气。

没有陪伴，人会孤独；没有帮助，人不可能成就梦想。友谊是冬天的太阳，友谊是相互的依靠。

要想获得快乐、幸福的一生，除了事业的成功外，我们还需要友情。朋友不仅与我们分享人生经验，尤其在大是大非面前，还能为我们指点迷津。随着事业越来越成功，我们可能过上更好的生活，也感到更加孤独，这真是高处不胜寒，为此我们更渴望拥有知心的朋友。因为事业的成功把我们推向公众人物的位置，为了履行社会对我们完美期待的角色，我们失去了原有的自己。可我们的内心仍然是一个活

生生的、有血有情、有各种人性弱点的人。这个真实的自我被忽视了、压抑了，以致迷失了，找不到那个内在的自我。无疑，我们内心越发是孤独的，可能拥有连最亲密的人也不能说的秘密。虽然外表光鲜与强大，很难露出自己的脆弱，但我们很需要与朋友分享自己的情绪，摆脱孤独和困扰。我们真希望有个有大智慧的人，能一同讨论人生、死亡、生命的意义等这类哲学问题，甚至期望自己的迷惑得到开释。如果是步入晚年，我们还需要消除对死亡的恐惧。为了抚平内心的这些种种困惑，为了面对人生的不确定以及死亡，也为了让我们获得人生永远的快乐，我们很需要结交朋友，有一个不老兄弟。

人生离不开朋友，但是结交什么样的朋友更重要。你需要什么样的朋友真是很难界定。人生面临很多问题，要求你交很多的朋友，与你度过漫长的一生。人生是此一时，彼一时。有些朋友可能就那么一件事，就淡忘了；有些朋友却相伴终生，甚至成为知己。这是一个自然选择与淘汰的过程，除了经营友情外，不属于你的，你拦也拦不住，你只能顺其自然。

友情是要经营的，兄弟是要能经受住考验的。我们不能要求别人如何做，但自己应该诚实，为朋友的事尽职尽责，努力做到肝胆相照。纵览人生变故，我们不能过高奢望对方应该如何回馈我们期望的真诚与厚爱。我们不需要勉强，只需要发自内心的行动。我们奉行一切顺其自然，虚假的热情只会让我们品尝欺骗的失望，甚至彻骨的心寒。与人方便，与己方便。我们奉行不为而无不为的处世原则，尊重每一个生命来自心底的声音，这是人生相处最高的境界。它不压抑上天赋予每个人的人性，既要尊重与宽容别人不同的观念，也不强求自我放弃，追寻属于自己的心灵家园。真正的朋友，如果有缘，彼此好好珍惜，这是此生此世上天给我们的恩赐；无缘就友好地祝愿对方一路好走，内心道一声：再见吧，朋友！

人生短暂，让我们内心彼此祈祷远行的朋友幸福，无论获得与放弃都是我们的权力。如果不忘邂逅的路人，那么就珍惜每个走进我们生命中的人，感恩他们给我们生活馈赠的点点滴滴，是他们给我们的人生带来激情与意义。由此，我们的内心就会强大，不仅脱离世俗的恩怨和生命的种种纠结，而且最终品尝到不同常人的至真至纯的幸福。

帮助别人是一种态度

人是有记忆的，你给予别人的关爱和帮助，不要老挂在嘴上，也不要期待他即刻的偿还和回报。因为这点滴的关心和铭心刻骨的帮助，似留在他心里的一粒种子，总会在合适的场合发芽、生长，或许会给予你双倍的回馈。

如果一开始就带着期待别人回报的心理帮助别人，那你的出发点就是功利主义，潜意识里还存在着讨价还价的博弈。不可否

这个藏族朋友帮助路人换车轮。他说：帮助别人，快乐别人也快乐自己。

认、焦虑、不安、失望将左右你的情绪，因为那些需要帮助的人，他们的人生正处于拼搏时期，面临着困境，也可能存在着事业、工作、家庭的缺憾。说真的，他们不可能有机会和能力即刻回报你。本来帮助别人是快乐的，能表现自己的能力和爱心，但由于期待别人的回报，实质是否定自己助人的行为，结果得到的却是自我的焦虑、不安和抱怨。似乎生活的不快乐都是自找的，这真是自讨苦吃。如果静下心来，想明白并认同帮助别人是一种生活态度，那你就会放下功利的期待，充分享受助人的快乐，这种自豪和欢喜会涌遍全身，点燃你快乐的心境，弥散到你从事的所有活动中。

因为你快乐，也会使周围的人很快乐。生活在快乐的人群中，人们会互相感动，形成一种快乐的气氛，快乐的心境能使我们换个角度面对生活中遭遇的不幸，容易看到生活的积极方面，从而真实感受到世界是美好的，也认同人生是快乐的。这样的生活态度是很难用金钱买来的，可以说是人生的无价之宝。

经过这样一比较，我们就会发现，虽然都是帮助别人，期望得到回报的人是不会快乐的，只有领悟帮助人是一种生活态度，才能获得真正的快乐，也会得到不期而遇的丰厚回报。

人生最重要的是快乐，只有当帮助别人成为一种态度时，我们平凡的人生才会沉浸在满满的快乐中。记住：快乐的心态才是无价之宝，是任何世间的东西都换不回来的财富。

做比说更好

人们经常使用语言交流与沟通，然而，由于对语言的刺激接受太多，尤其建议和批评，我们的心灵已失去对它应有的敏锐感受。语言已很难对我们的行为产生有效的影响。相比之下，身体语言的交流和沟通更容易引起人们的关注，所有身体语言也责无旁贷地发挥着重要的沟通作用。这也说明做比说影响更大。

车陷入泥沙，与其讨论方案，不如赶快尝试救助。一句话：做比说更好。

社会心理学认为，人有语言和非语言两种沟通方式。那么在改变人的态度和行为时，哪种方式更有效呢？其实，两者之间并没有孰轻孰重的绝对优势。但是，针对不同的场合、主题和对象，言语的有效性是具有一定指向性的。比如说在教育孩子上，身教重于言教。如果你讲启发式教学，从头到尾却没有看一下学生，既没有激励学生，也没有期待学生的行为，那么当了老师后，学生也很难采用启发式的教学，这是他们观察你的教学而获得的结果。这说明经历是最好的教育，亲历的教育才是活的教育。

一般意义上，身体语言比口头语言对人的影响更大。身体语言具有形象、生动的特点，它对我们的视觉具有强大的冲击力，世界上很多事物有形状、色彩却没有声音。形状和色彩是事物存在的主要形式，也是表现其价值的重要方式。当然，这也是与外界沟通、交流的主要渠道。形状与色彩包含很多意思，也传递给我们许多信息。一幅画胜过千言万语，形状和色彩最能体现事物的独特，也会对周围产生持久、巨大的影响。有道是：眼见为实。

身体语言历史悠久，早在人类口头语言出现之前就已经存在。在人类从猿到人的转变过程中，身体语言就发挥了极其重要的作用。如果没有身体语言的交流，那么人类将很难生存下来。在孩子出生到学会语言前，他们主要靠身体语言表达内心需求，母亲也是借助于身体语言和发声表情来了解孩子的饥饿，以及哪些部位患病等。如果不能利用身体语言交流，孩子将很难生存下去。身体语言还具有跨文化的一致性，不论你到哪里，语言可以不同，但你仍能凭借身体语言表达饥饿、恐惧、危险等生理需求，进而满足我们身心的需求，使生命得以维持。这说明身体语言在人类发展过程中发挥着极其重要的作用。

口头语言便捷、及时、准确，但是身体语言持久、深入。同样是表达爱意，口头言语"我爱你"可以脱口而出，但身体语言不管是"深情的回眸"，还是"热烈的拥抱"，都会让接受浓浓的爱，迸发出难以忘怀的心跳，这种体验不会随岁月变旧、遗忘，反而久久铭刻在心灵深处。然而，口头语言却没有这样触动人心的独特魅力。在人生的某些时候，身体的动作真能起到此时无声胜有声的作用，其他任何华美的语言都显得是多余。更有些时候，语言会欺骗我们，正如话有三说，巧说为妙。语言可以纹饰，甚至伪装，容易让人失信而生厌。唯有我们的身体语言是很难进行随意控制的，所以社会心理学认为，离头脑越远越真实。我们知道，语言可以欺骗我们，但是我们的心是揉不进沙子的，动作能折射出语言，反映内心的感受，这反而强化了身体语言在人际沟通中的地位和作用。

古人曰：听其言而观其行。也就是说，我们的身体语言对他人的身心活动影响更大。了解一个人不能听他如何说，更要看他如何做，他的行为更能表现他真实的内心想法。所以，在社会知觉中，行为信息和语言信息相比，人的行为表现得更重要，也就是"做比说更好"。为此，在人际交往和互动中要重视使用身体语言，发挥其影响人的独特作用。

《论语·里仁》记载，子曰："君子欲讷于言而敏于行。"这句话的意思是君子说话要谨慎，而行动要敏捷。实际上告诫我们：少说多做。无论在任何时候，我们要多做事少说话，我们的事业需要的是实干家。

记住，眼睛看到的东西远比说得更多，做比说更好，这句话值得我们用心去体会，一定会受用一辈子。

立身之本：敬业

我们寄居在社会大时代的某个具体位置，做一份自己的工作，比如工人、农民、警察、教师或医生。我们从属于某个单位、某个群体，都做着不同的分内事。这些是我们赖以生存的基础，我们只有做事敬业，才会获得尊重与认可，进而享受人生的幸福。为集体做了多大贡献，我们就会赢得多大的声望和荣誉。

然而，有人可能会说，会做的不如会搞关系的，毕竟，中国是很重视人际关系的。这话似乎

敬业是我们生存之本。不管有没有人知道，我们都要尽职尽责做好自己的工作。

有点道理，中国是一个重视家的国家，人际中的差序格局①易形成关系远近的群体。社会在发展，我们总是要面对职场的各种人际关系。朋友，在职场、行政部门我们该树立什么样的人生定位呢？

我认为应该是诚信与敬业，努力做事。做一个务实与敬业的人，这虽然需忍受寂寞和孤独，让我们生活得很辛苦，甚至达到一定的成绩还需付出难以言说的时间和精力，但是这种人生活法是最稳定、最有尊严的。任何事业都需要有人做事来推动发展，有突出贡献的人一定会得到大家的认可和称道。因为任何人工作而带来的业绩，无论是谁推动了事业的发展，这种功劳将显示他存在的价值。依靠这些成就赢得的地位和声誉，将是大家心目中的一座丰碑，任何势力也动摇不了。如果不是靠扎实苦干的成绩，而是去寻找所谓的"靠山"，我们一定会很难受，因为没有能力和意志去把握自己的命运，一切的利益和发展完全指望"靠山"的施舍。殊不知，我们不可能控制和了解他人的情绪。如果一旦你缺乏使用的价值，他就会毅然甩开你。即时，我们将伤痕累累，可能是一无所有。与此同时，所谓的"靠山"内心也可能很瞧不起你，在他们面前，我们根本没有尊严。

我们要兢兢业业做自己的事情，使团体一步步得以发展。无疑，你的团体很需要你，上司也会很重视你，可能会由衷地尊敬你，还会培养和使用你。毕竟，各个单位是讲究效率的，你对团体做多大贡献，团体才会给你相应的地位。这不需要任何人的提携，群众的眼睛是雪亮的。《国际歌》唱得好：从来就没有什么救世主，也不靠神仙皇帝，要创造人类的幸福，全靠我们自己。这个道理明白得越早越受益。生活中要少些抱怨，多做些实事，我们就会多一份充实。如果做事不认真，挑肥拣瘦，那么我们可以做的事就会越来越少。过不了多久，你在团体中将处于可有可无的境地。那样的话，我们随时都可能被扫地出门。如果人生落到这般命运，那真是一种难言的悲哀。

---

① 差序格局：是发生在亲属关系、地域关系中的以自己为中心像水波纹一样推及开，愈推愈远，愈推愈薄，能放能收、能伸能缩的社会格局，但它随自己所处空间的变化而产生不同的圈子。——费孝通提出的。

人要活得有尊严，就要让这个团体会因你的存在而有价值。即使那些拉帮结派的人，也会对你敬三分。毋庸置疑，这些都取决于我们敬业的态度。

认真做事吧！无论做什么，都要努力、踏实、勤勉，把敬业作为我们的人生信念，那么，我们将无往而不胜。

第八章　活着

活着真好，也许只是平凡的日子。

其实，人生大部分的日子是平淡无奇的，即使名人，也会和平常人一样要重复吃喝拉撒的单调。他们也有缘分、梦魇、触动、梦想、秘密……

人生就是一天又一天，不同阶段会有不同要做的事。只要活着，我们就得需要面对生活中那些平凡的，并不一定值得可歌可泣的小事。但是，它是我们情感的一部分。

无论明天怎么样，只要活着，我们都得往前走。

缘分

生活中经常遇到非常巧合的事，在若干年前相识一个人，曾经和他有过一段交往，虽几经工作变迁，再遇到时，重续旧好。这种奇遇令我们感觉神奇，美好之情久久回味。这惊喜增加了平淡生活的激情，好似命中注定。这"巧合"就是缘分，

人和人住在一起是缘分，人与人长期相处一起是情分。缘分是不可强求的，情分是可以经营的。

可能真如佛所说的，上千次的回眸才换来此生的擦肩而过。缘分的神奇，让人感觉冥冥之中有无形的力量在撮合相遇，重修前缘。

什么是缘、缘分？有些人认为，缘分是命运，是注定发生的机遇，如与某人相识叫结缘，生命中相处默契叫投缘，有幸经历生命中的大事叫有缘遇见的事。凡是生命中不经意遇见的人或事，只要在自己人生中具有重要作用，都叫有缘分。佛家认为，此生此世的命运是你结的缘，广种福田就得善缘。书上记载，有人问佛祖何为缘分，他指着天边，只见天边：云聚云散，飘动的浮云分分合合，合合分分。它们正如人生无常一样，游走无定，这些都是对缘分的解释。从中不难发现，缘分是一种变化的状态，既是结合，亦是分开。

人生的整个过程就是一条叫"缘"的河流，未来遭遇什么样的事和人，都是变化的、不确定的，为此，我们要把握好今天，好好活在当下。如果想做一件内心渴望的事，那就不要犹豫，全身心投入去做，认真体会当下的快乐和痛苦。至于这个事情的结果，它真的不重要，重要的是满足了我们的内心，活出了自己应有的价值和意义。它似外在的我和内心的我结了一次缘，仿佛回了一次精神的家园，真正焕发了一次生命的光彩。这种结缘是身心通透的舒畅，也是无与伦比的享受。这是结缘的状态是不能言说的、稍纵即逝的。生活中许多想做的事放到以后，即使做了，感受也不一样了。

在很多情况下，我们人生又会遭遇许多意想不到的事，然而，我们可能"以后要做"，其结果往往是放弃或遗忘。这次缘没化解、没联结，没抓住的机遇就过去了，这种错过可能是永远。

从这个字面分析缘分，就是缘聚缘分。因此有相聚就要抓住机会，努力善结良缘。生命中注定出现的人和事，都是前世今生积的德，是生活与命运的馈赠。除感恩之外，我们要努力，把这个缘续上。要发挥自己意志的力量，倾听内心的呼唤，滋养这个缘，努力做回真正的自己。

有缘聚还有缘分，这是生命的规律，也是宇宙的精神。相聚会高兴，分散我们也要坦然接受，这是生命的历程。人生就是一曲轮回的歌，有生就有死，有开就有合，有聚就会有散。不管缘的长短，我们都要感谢生命的馈赠，生命中遇到的某些人或事，他们都是来帮助你走完生命的历程。为此，我们要善待他们，重视每一次生命的邂逅，丰富自己，提升自己，做回真正的自己，努力实现生命的价值和意义，让我们的生命充满欢歌和笑语。

如果缘分了，我们要叩问内心，该散的时候要学会放手，感谢相聚的时光。然后，毅然投入明天新的生活，回到你我聚散的起点，以平常心对待生命中相识的人和事。纵然我们期待有缘千里来相会，但是我们更应该记住无缘对面不相识。

缘聚与缘分，这就是人生。

永远记住人生就是缘聚缘散的过程，要学会结缘，还要学会放手，我们要珍惜体味缘的状态，因为人生似一条流动的河，一条缘起缘落流动的河。

触动

在漫漫人生旅途中，我们与某些事曾不期而遇。有些人可能如过眼云烟，很快消失在记忆长河。有些人却让人印象极深、经久不忘。每次想起这些人，我们心中总会涌动一股暖流，或黯然神伤，或心生感动。因为这些经历曾颠覆我们的观念，或改变了人生的道路。它留给我们无法释怀的情感，让我们至今铭记于心。

触动是生命之河激荡的浪花，它让我们感觉到生命的意义。

触动是什么？触动是卷入情感的一次经历，它不仅引起我们情绪的变化，还促使我们深入思考，让内心及行为方式发生积极的变化。变化由小到生活习惯、某个观点，大到思想观念、人生道路方向的改变。每一次触动都会加深我们对生命的理解，勇敢踏出成长的一步。

触动分为共鸣和感动。共鸣也叫共感，是对遇到与自己类似经验的共情或同理，即感同身受。感动则是对自己想做却没做到的事，别人却做到了，我们由衷产生的敬佩之感。无论共鸣还是感动，它们都触及我们内心最柔软的地方，唤醒我们的爱，让我们沉睡的心久久不能平静。不过，它们对我们心理的作用是不尽相同的。共鸣容易触动我们的心，重温相似的心路历程以及熟悉的内心体验，缩短彼此的心理距离，大有一见如故、情同手足之感。共鸣可能会促使我们反思，由认知对方而更加了解自己。感动往往让内心震撼，使我们获得新的认识，学习新的榜样，或许还能改变生活方式和人生道路。不过，触动是不期而遇的，要想触动，我们必须多经风雨见世面。除了多读书外，我们还要走出自己的小圈子，要多与不同的人交往，努力参与各种活动。在活动中，不仅要思想开放，勇于接触各种社会环境，而且要胸怀宽广，有海纳百川之势。只有这样，我们才有机会邂逅某事，与有缘的人交流，收获触动。

那些以自我为中心的人，由于自视清高，放不下身段，反而封闭了他们的内心，孤傲的自我恰似一道与外界的屏障，阻隔了与天下的人或事有缘的相遇。无奈，触动与他们只有擦肩而过了。

触动垂青那些有心人。因为一个有心探索人生价值和意义，渴望人格成熟的人，对生活的态度一定也是开放的。他们不仅喜欢读书，还总是带着问题和对人生的热爱，认真对待生活中遇到的任何人。俗话说："三人行，必有吾师焉。"如果有这种心态，我们就会放大自己的感受，生活遇到的任何事物都是我们感悟人生的契机。当有这颗感悟的心，于平凡之时，我们也能获得人生的各种触动。

触动是每个人成长的契机，触动多，感悟多，也就会更深刻地理解生命。热爱生活和生命的人，为了使自己的生命有意义和价值，要培养自己能感悟的心，努力发觉平凡生活之中的各种触动。

认真对待你生活中遇到的任何东西吧！只要怀着学习探究的心，就能捕捉触动，提升自己的精神境界，获得人生的成长，过一个无愧于天地的传奇人生。

梦境

梦带给人的是神秘和遐想，有时是百思不得其解的困惑。然而，梦是否能预知人的未来等诸如此类的问题，最让我们充满好奇。

人为什么要做梦？心理学认为，梦与人的现实生活密切相关，比如"昼有所思，夜有所梦"。梦还与生理因素有关，比如白天忙于学习或工作没有意识到身体某个部位的伤痛，就有可能成为入睡后梦的诱因。此外，自然界的季节变化、时令交替也可能影响人的梦境。

我们都会做梦。梦中有人、有物，还有稀奇古怪的东西。

弗洛伊德认为，梦是人的潜意识的流露。我们平时压抑在内心无法宣泄的欲望，由于清醒状态下超我的强大以及自我的审查，使它们没有机会上升到意识层面获得满足，所以它们往往通过梦、口误、笔误或催眠状态下的联想表达出来。

某种情况下，梦是我们内心的晴雨表。某个案主找我解梦，说他曾经在考试期间做过一个奇异的梦：

南方阴雨的晚上，我从一人多深的坑里往上爬。夜幕飘着绵绵细雨，坑的周围是竹林，我能看到月光的映照，听见水滴打在竹叶上发出细碎的沙沙声。坑是新的，壁上有轻微的渗水，滚落到坑里。我当时很害怕，心里有不祥的预感，急切往上爬，但坑壁阴湿，没东西可抓。我尝试爬了几次，快到地面却又控制不住滑了下去。顿时，心里感到很无助，我害怕，内心隐隐地流泪……

醒来时，我不停喘气，泪水盈眶。我看看四周，满眼黑暗，只感觉很孤单，希望有人能和我说话，想拥抱温暖的东西……

通过分析，梦境透露出他当时刚参加工作不久，许多事不顺心，感到未来很迷茫，但又无人可求助，只有孤独、寂寞与无奈。

还有一个来访者，谈论曾经常出现在少年时的梦境：

茫茫的大海，有淡淡的月光。

一个木盆里面坐着一个小孩，由海岸飘向无边的大海。这个小孩看看周围波光粼粼的海面，依稀听见海水拍打盆子的声音。坐在盆里，他眼里噙着泪花，欲哭却无声。

来访者说：“每每这时我都会惊醒，一阵凉意掠过头，心有余悸，轻声叹息。”

经过分析讨论，原来这个少年的父亲不喜欢他，喜欢机灵的弟弟。因所谓的“错事”，他常常挨父亲的打，他又不能辩解，面对父亲的权威，他体验到无助，也很无奈……

他说：“想到这些梦境，我都会对自己的孩子特别好，认为那就是过去的我，进而潜意识不愿让孩子受委屈，不希望孩子内心有孤单、失望的感受。有时，我也不知不觉走向极端，对他产生溺爱。”

还有一个求助者的梦让我记忆很深。他是这样深情给我这样讲述他的故事：

工作不久，我曾把外甥的户口迁到我家，想替我姐姐抚养教育，报答她对家里的贡献。无奈，由于他贪玩、匪气，经常惹是生非。有一次，他竟然从二楼滑栏杆坠落，吓破了我的胆。这件事激起了我的担忧，思前想后，毅然送他回去。为这事，孩子撒了许多谎，引起姐弟反目。更为严重的是，孩子的爷爷还带一大家人到我父母家闹，还准备上法院告，扬言要闹得我没工作。我当时害怕极了，为不连累自己的孩子，准备与爱人离婚，让自己远走他乡。那时，远方的父亲责难我，姐姐家也为难我。他们逼得我走投无路，我失眠、惊醒、失神、老爱忘事。除了孩子、爱人外，我真是孤家寡人，感觉到了生命的终结……

那段日子，经常梦到我一无所有，身背行囊在外流浪。陪伴我的是行囊里面的书、写文章的笔记，还有画画的铅笔。

我挪了下椅子，靠近他，我能感受到他内心巨大的痛苦。我递给他一张纸巾，另一只手不由自主放到他肩膀上，表达我的同情、关心和支持。望着他流泪的眼，我没有说什么安慰的话，继续倾听他说：

夜幕下的我形单影只，流着眼泪，无目的地踱步。一股悲凉涌遍全身，我不知往哪里走，也没有寄托。梦中的我俨然就是一介落难的书生。

我会忽然惊醒，浑身一阵寒冷，看看身边熟睡的孩子和妻子，内心涌出一阵酸楚，感觉无力保护他们……

待他讲完，情绪平静下来，我对他这个揪心的梦是这样解读的："写作是唯一陪伴你走向生命尽头、不离不弃的东西。"他领悟力极高，回应道："是否可以这样理解，我的生命注定与写作为缘，它是我内心深处唤起的使命感，也是我的精神家园。"我点点头，关切地看着他。

梦境真的很神奇，不仅能了解脆弱的自己，还能自我疗伤，促使我们心理成长，使我们具有成熟的人格魅力。

秘密

我们都有许多不愿别人知道的、关于自己的事情，比如，身体的疾

房子具有私密性。不同家庭有不同的秘密，我们心底更藏有许多秘密。

患、对别人的态度、政治观念、宗教信仰、人生目标等，这些都构成我们不能言说的秘密。

秘密是一种承诺，只要约定不能说某个事，那么彼此相约的这件事就是不能公开的秘密。既然是承诺，人就会一直有精神的压力，为此承担的责任也就越大，因为警惕泄密要求个体具有极高的敏感意识。

人的秘密很多，涉及个人隐私的，如性经验、对别人负面的评价、行业的潜规则、法定的职业要求不能外传的消息，以及弄虚作假、违法的事，等等。

秘密的性质有好也有坏，如为了一个惊喜，推迟告诉当事人的喜讯，这是好事。不过，秘密一般是坏事、不好的事居多。人的本性是趋利避害，为维持自尊，寻求自我价值保护，努力隐藏不好的，极力展现好的一方面，这些都是秘密的本质。可以说，那些与社会要求不一致，与自我提升相悖的事物都逐渐演化为人的秘密。

秘密是成熟的标志。人的成熟是要社会化，要学会社会对成人的各种规范和要求。如果人有自我的话，那么社会化的结果就是远离真实的自我而形成千人一面的公众自我。所谓的公众自我，是指一切的外在表现都要满足大家的需求，符合公众的期待。为了维持真实自我与公众自我的平衡，很多不为公众认可而自我又极力想表达的东西，就形成了我们的秘密。它藏在无意识和意识之间的灰色地带，既可以获得自我的拥有感，又可以享受自我的安全感。

如果没隐藏对别人的负面情绪，而是直接表达出来，这会引起双方矛盾的激化，给自己带来长久的生活困扰，不利于事业的发展。如果过早地宣布自己的目标，会引来同行间的竞争和嫉妒，也可能会招致相互攻击、内讧，乃至挫败我们的事业。无论如何，能严守某些秘密，给自己一个安静的空间，有助于我们目标的实现，这是个体心理成熟的标志。

分享秘密是一种信任，反映双方亲密的程度。心理学认为：人际关系的亲疏取决于谈论话题的公开度。由于信任亲密的人是可交换彼此隐私的，比如对别人的评论、政治信仰和态度，以及性经验等，信任的深浅也表现秘密的多寡以及私密的程度，这些正是个人秘密话题的领域。人的心灵是有秘密的，人的身体也有，只有亲密的人才能触摸心灵，或碰触个体身体的隐秘之处。当然，拥有秘密也拥有了安全，一旦身心的秘密泄露了，我们就失去了安全、自尊以及独立的人格，往往沦为受对方役使的命运。

从事保密工作的人，生活在两个世界中，他们经常遭遇内心的冲突和压力，时刻警觉自己的言行，比如哪些不能说，即使是面对自己的亲人。为了严守秘密，他们对身边的任何人和事件，都必须把这些人假想为敌人，对他们要时刻保持谨慎，保持距离。他们不苟言笑，言不由衷。由于没有亲密和真诚，往往使他们无法建立或体验亲密的关系。所以，寂寞和孤独常常陪伴他们，他们也享受不了常人的率性和快乐。

人们都喜欢探听各种各样的秘密，这也是人的一种天性。一听到秘密的字眼或内心认为接触到秘密，都会激起强烈的好奇心，努力打开所有的感觉器官，尽最大可能吸纳信息。伴随着这种全身心的投入，个人会有一种神圣感和充实的拥有感。了解秘密后，个体能更好地进行印象管理，不动声色地扮演自己的潜在社会角色，以实现自己的人生目标。

每个人的生活都离不开秘密，秘密在我们生命成长中具有重要的作用。不能做违法乱纪的事，这是我们的底线。如何保护好秘密，尽量发挥它的积极性，减少它的负面影响，这是我们走向成熟必须学习的一门课程。

梦想

心中有一个想法，现实中无法实现，内心又抹不掉，它时不时浮现在脑海，督促你去实现，这就是梦想。梦想很强烈，会在你内心扎根生长。为了实现它，纵然历经千辛万苦，也在所不辞，甚至甘愿冒险。这种伟大的举动叫圆梦。

最近看了一本书，提到这个案例：某大学生小时缺少母爱，遂对其母亲厌恶，恨之入骨。家中若有变故，都归结为"身体不好，为治病花了家里所有的钱，以及不顾儿女一门心思改嫁的母亲"。他这样偏执，任何人都很难与他讲道理。偶然有一次看电影《790热线》，那个女播音员引起了他的注意。举手投足之间，浑然是他心目中的"妈妈"，这深深唤醒他心灵深处缺失的爱。为此，他有一个梦想，努力考到上海读大学，想见这名女主播。显然，他把现实中得不到的爱，幻化到非现实中的电影里了。我猜，那电影他一定看了好多遍，甚至收藏了那个女演员的相片。他的家庭经济条件不好，为了能在上海读书，尤其是能亲眼见到那个心目中的"妈妈"，他付出巨大的代价，忍受了很多常人受不了的痛苦。

有梦想说明我们活着。生活因为有梦想而精彩。

这事发生在20世纪90年代初。他在上海的生活很清苦，早晨常常是白馒头就开水，因为他上学的钱都是亲戚凑的。这是一个具体的活生生的圆梦过程。

我们一来到这个世界，就有许多需要，比如吃、喝、睡、性等。只有满足了这些生理的需要，我们的生命才得以维系和延续。随着年龄的增长，我们还会产生新的需要，比如说友谊、爱情、尊重、上大学、工作等，不一而足。现在看来，有些需要是可有可无，有些却是必不可少的。但是，我们不是当事人，很难理解某些人看似平常的需要却表现得那么强烈，竟然能成为某个人一生孜孜以求的梦想，不仅影响他的命运，甚至改变他整个人生的轨迹。

某个著名的作家小时生活在北方的农村。由于那个年代家里很穷，过年吃的肉馅水饺，给这个平时吃不饱也很少沾到荤腥的他以极大的满足。每次对吃饺子的期盼、咀嚼的快感、体验到的温暖，这些感觉都汇合成一种快乐的刺激，连同那一天父母的笑脸、语言，形成一种氛围，强有力的甜蜜和幸福包围着他，留在他记忆的深处，让他铭心刻骨，难以释怀。就是他，曾满怀深情地在成名后的回忆录中写道：我在塬上放羊，不管是冬天还是夏天，经常摸着饥肠辘辘的肚子，望着静谧的蓝天和远方的地平线，重温着过年吃饺子的经历，霎时心里充盈着无名的幸福。每每这个时刻，我心头就会掠过一个念头，内心暗暗言语：要是每天都能吃一顿饺子该有多好啊！

从那时起，他就发誓以后要过一种天天顿顿吃饺子的生活。他怀揣着别人不知道的这个梦想毅然参军。在部队，他刻苦训练，处处努力表现，一门心思要留在部队，希望能生活在城里，拿着工资天天吃饺子。在这个平凡的圆梦过程中，他做过许多活，由于喜欢写感想、团队报道，他一步步成为文艺干事，后来竟然意外成长为当今知名的作家。这是一个传奇与神话，却真实发生在我们的生活中。

人不可以没有梦想，否则生活将失去方向和动力。然而，梦想和我们工作中各种各样的目标不同。梦想是活跃在潜意识和意识层面的东西，是一种十分特殊的心理现象。它是自动化的，不受意识控制的，它萦绕在我们的脑海，弥散在我们的生活中。它是我们意识的核心，只要一静下来，它就很快浮现在眼前，让我们不能释怀。在某种意义上，它还是我们不能言说的秘密，仅为我们自己所拥有。

正是因为梦想有这些力量和特性，它伴随我们生活，改变我们的人生。这是属于我们自己的需要，它能带给我们真正的幸福和存在的意义。如果我们实现了梦想，心里就没有了焦灼、牵挂，仿佛卸下了肩上的重担而倍感轻松。从心理健康上讲，生活乃至人生是否缺憾，一个重要指征就是你是否实现了自己的梦想。

朋友，静下心来吧！写下你的梦想，尤其是内心深处深藏已久的梦想，然后逐个去实现。梦想，是我们生命最强的呼唤，趁我们还年轻，赶快抓紧时间去实现它！

烟与酒

烟与酒是男人的专利。在传统社会中，成熟男人的标志就是吸烟与喝酒。烟与酒是男人之间沟通与交流的桥梁，有了烟与酒，你可以结识朋友，很快进入某个人脉网。

虽然烟酒不能满足人的生存需要，却是人生存在，尤其是在社会交往中必不可少的东西，它让人生充满变化。同样，对烟酒的不同嗜好，也投射出我们的需要与性情。

烟与酒是社交的媒介，也是男性身份的象征。从吸烟、品酒的姿势可以洞悉人的性情。

吸烟能让人排遣寂寞。在寂静的长夜，男人在烟的陪伴下，不仅能缓解内心焦躁的情绪，而且能化解心中的困扰。顷刻间，吸烟的男人可能眉头舒展，行动坚定，人生从此由必然王国走向自由王国。吸烟的人在寂寞中能洞悉人生变化的规律，熬出深邃的思想。

喝酒的人多怕孤独，喜欢小聚，也喜欢把痛苦的心事借着酒兴，恣意宣泄。酒能壮胆，让喝酒的人更有力量，做平时不敢做的事。正是由于酒，人的自我失去了对本我的觉察，让人潜在的、受到压抑的欲望，没有阻碍地爆发，化解了压在心头的烦恼，让人产生快乐的情绪。

一个人喝酒是苦闷的，能让他忘却难以抉择的痛苦，抚慰种种牵挂的失落，把蓄积的柔情和委屈，向过去的黑夜抛洒，以领悟人生的几分欣慰，毅然走过昼夜的分界线，完成心灵的蜕变。

多个人喝酒是快乐的，一起喝酒的过程也是不同品行的展现。人们常说：酒品

如人品，酒场仿佛是人生舞台的缩影。酒不醉人人自醉，由于自我的麻醉，使人心底的本我在意识中长驱直入，获得酣畅淋漓的表达。这快乐的满足会感染酒桌上的所有人，大家不由自主地放松，也快乐起来。于是，喝酒的人敢说不能说的话，他们手舞足蹈，尽情地宣泄情感。这是酒的最大功能——助兴！

吸烟的人多也喝酒。如果生活单调、枯燥，那么容易滋生人在旅途的寂寞与孤独。古人曰：何以解忧，唯有杜康。古来天下的英雄，在谋求成功的漫长奋斗中，酒是不可或缺的挚爱，酒让他们打消了多少人生绝境的孤寂。在高处不胜寒的岁月，有酒暖心，长夜不难眠。在社会交往中，烟酒不分家，烟与酒一起成为男人的依赖。古时，烟能驱除长夜的困顿，让守边的武士保持应战的清醒。在当今社会巨大的压力下，烟能使人兴奋，也能让纷乱的心免去烦躁而专注于当下的思考。因为情绪能干扰我们的内心，影响思想的客观与缜密，所以有了香烟的陪伴，只深深吸几口，心情就不再焦虑。

烟酒都是神奇的东西，能让人着魔，收获自己想得到的东西。

喝酒的人，一定会说：酒是好知己。

吸烟的人，一定会说：烟是好情人。

人们渴望超越，烟酒又能改变人的意识状态，让吸烟和喝酒的人暂时逃避现实，在"醉烟醉酒"的状态下，做一次心灵与肉体似梦非梦的超越旅行。

不过，要注意的是，适量的烟酒能凝神怡情，让人穿越、超越，但是过量的烟与酒却会伤身误事，切勿酗酒、嗜酒。

美食的表白

俗话说：民以食为天。

如果想让别人高兴，最方便

美食对人的吸引体现在视觉、嗅觉、味觉上。

的方式就是请对方吃饭。美食人人爱，美食能使人心情愉快，所以在酒席上洽谈生意、在饭桌上化解双方的恩怨，这些都是常用的"饭桌"沟通。

什么是美食呢？老百姓认为：有滋有味，能刺激食欲，让人胃口大开，吃了还想再吃的食物。我非常认同，毕竟他们是美食的制造者和传播者。

美食具有地域性。这说明独特的地理环境孕育不同的食材，就像北方的面，南方的饭各有千秋一样。如果从小生活在北方，以吃面为主，那么从小吃面的经历早已印刻在头脑中，正如生活中很多北方人感觉吃米饭吃不饱。西安的羊肉泡馍很有名，我的许多福建朋友却不习惯。湘菜的香辣、川菜的麻辣，让湖南人、四川人吃得酣畅淋漓，然而却让久居沿海的闽粤人着实难以下咽。

美食还具有季节性。人们果腹的食材来自自然，正所谓"冬吃萝卜夏吃姜"一样。冬天的美食一定是驱寒生暖，夏天的食物却是消暑降温。人们吃的食物应适应季节，既要填饱肚子，还需要养好身体，所以秋冬需要进补、助阳，春夏需要降燥、滋阴。中医讲究药食同源，说明人食用的东西都需要益于身心健康。

美食是有生命的。我们小时候吃的东西是有情感和记忆的，它是我们在外漂泊游子浓浓的乡愁。当我们走出家门，在山野或街头小巷，如果邂逅家乡的菜、吃到儿时熟悉的味道，那我们的心就仿佛有了家的依靠。似乎我们不是在吃果腹的饭，而是在咀嚼生命的故事，是在品尝人生的五味，是在吃着童年的回忆。

美食在于土法的制作。看看《舌尖上的中国》，美食的确在人们生活的街巷间，它具有鲜明的地域性，尤其古法制造。美食取材方便，它根植于乡野，有风干、新鲜、水淖、腌渍和熏烤等制法，它极为普遍，是当地的主食，一方水土养一方人。然而，美食的味道却在于它制作工艺奇特。美食的刀法更是异想天开，有片、丝、块，其刀工可以精准到薄、厚。观看美食的刀法，那真是一场艺术表演，会让人惊叹不已。

美食的精华是佐料。正如辣是川菜的魂一样，没有油汪汪的红油作"嫁妆"，川菜可能就是嫁不出的姑娘了。草原上的羊肉再好吃，如果缺了萝卜，那炖肉的汤味道一定缺少点什么。出锅的羊肉汤一定要放蒜苗、香菜才色香味俱佳。手抓羊肉一定要配上蒜瓣、沾上椒盐，那才有滋有味，让人忍不住要大快朵颐。草原人都知道，吃完羊肉一定要喝茯砖茶，那肚子才舒服。

美食可以分享。如果在品尝美食时能有朋友相伴，借助小酌的兴致，聊聊人生的感悟，再开怀哼几段曲子，或充满激情地跳跳舞。那一定是人间的逍遥！美食与美景，真的是让人难以分开，反正是美，是内心的舒畅。美在嘴上不算美，美在心里才是真美。因为如果有相知的人，海阔天空地聊，这是美在心里了。人有胃，人还有头脑、身心的舒泰，那才是真正的无与伦比的快乐。

知己

知己，是一生难求的朋友，作为知己的双方即使分开也会把对方放在心中，当再度相逢，如同从未分开过一样。这种友谊的产生似一见如故，双方有说不完的话，也如同上天赐予的礼物，互相滋养灵魂。一般而言，知己具有下列特点：

第一，双方必须共同努力。只有双方都有一种交流的渴望，才能产生这种友谊。他们能敞开

钟子期与俞伯牙是知己。历史上记载，俞伯牙一夜乘船游览，面对清风明月，他忍不住弹起琴来，钟子期正巧遇见，感叹说："巍巍乎若高山，洋洋乎若江河。"因兴趣相投，两人就成了至交。钟子期死后，伯牙认为世上已无知音，终生不再弹琴。

心扉，用信任、冒险而又大胆的方式将自己完全交给对方，也主动让对方进入自己的内心。这是信赖的标志，也是努力让对方了解自己，有一种希望与对方发展亲密联结的生命力。

第二，谈论这种关系。友谊需要经营，培育友谊的最好方式就是交流。朋友间谈论的话题可以是婚姻、孩子、父母、工作，也可以是对未来的希望和梦想。然而，对知己，必须有勇气谈论彼此之间的关系。比如真诚谈论如何维持这段友谊、如何看待对方、优点和缺点，以及别人不可能触及的敏感部分等。

分享不是说仅仅分析讨论，目的是强化与认同。知己还可以做其他喜爱的活动，不过一定要留出时间，去关注友谊本身。

第三，欣赏对方存在的价值。在整个人生中，我们都需要别人理解、肯定与认同自己的价值。知己的本质实际上是发现并肯定对方的真实存在以及具有的优势。然而，随着年龄的增长，家庭不能满足我们成长所需的关注，他们要么用过于传统、刻板的眼光看待我们，要么把他们的价值观强加在我们的头上。但知己能给我们无条件的接纳和贴心的关照，并帮助我们成为真正想要成为的那种人。所以，真正的朋友是肯定对方真实存在的，并在成长的道路上相互帮助。

第四，存在一定近乎情爱的力量。情爱的力量是人的生命力的一种体现，也是创造性、激情和活力的源泉。异性朋友可以依恋，乃至发展为爱情，同性朋友也可以彼此拥抱。女性有闺蜜，男性有兄弟、哥们。无论如何，它使友情更加生机勃勃，成为抚慰内心的源泉。朋友之间不应对其视而不见，而应当承认并讨论它的存在。

第五，士为知己者死。知己愿意为对方付出，甚至愿意为对方而死。

知己的特点是耐心守候。耐心守候意味着"等待"和"持久"。朋友就是这样，站在我们身边，对我们提建议但不会批评、指责。他关爱着我们，给我们足够的自由去表现自我，甚至去犯错误。如果有这样的朋友，应该听取莎士比亚的话："用铁箍把他们紧紧地跟你的灵魂绑在一起。"

朋友易寻，知音难觅。人是需要心灵陪伴的，天下得一知己，足矣！

小做事，大人生

人生有许多事要做，有些是必须要做的，那是我们的责任。做完这些事，我们就完成了一项任务，转而进入人生一个新的阶段。做的事多了，经历自然也多，我们就会更加理解生活和人生，人格也逐渐成熟。人们常说，经历是人生宝贵的财富。

生活无小事，细节决定成败。不经意的小疏忽会造成大的损失，也会让我们悔恨、自责。因为洗衣服，水龙头没关紧，当时又遇停水，你大意了一下，没及时检查就匆匆离开房间。当外出回来时，却发现"水漫金山"。你不得不清理积水，

古人曰：格物致知，诚意正心，齐家治国平天下。三岁看大，七岁看老，要从做小事培养好的习惯。

重新安装昂贵的地板。两三个月的劳心费神的打理，不仅改变了你的生活节奏，也影响了与你相关的人和事，这真有点"蝴蝶效应"的味道。然而，内心最痛苦的恐怕是你自己，不管外表表现得如何淡定，但是痛苦的经历会让你反省，内心的"悔"会让你对自己说："不要偷懒，不要侥幸所谓不可能的事，不要疏忽不经意间做了但又不很确定是否做好了的事。"没错，人生就是一连串互为联系的事，一个小问题，很可能导致许许多多的不幸，这会让你始料未及。

无独有偶，可能由于你一时偷懒，多睡了五分钟，正遇上堵车，让你没能准时

赶到车站送朋友。意料不到，一晃几年你们都没相见，突然的一场天灾使他失去生命。听到这噩耗，你万分痛苦，因为许多想说的话还没来得及说，没想上一次的分别竟成永久的诀别。就那么一时疏忽，铸成一生的遗憾。

我们人生的修养乃至人格的形成也是从小事开始的。行为影响习惯，习惯决定人格。我们做什么样的行为都会影响到内心的变化。比如，演员经常要塑造各种人物角色，表现出许多不同的行为。虽然这是演戏，但久而久之，也会影响到他们的人生价值，使他会像演戏一样对待生活，正如同"戏如人生，人生如戏"。实际上，角色活动影响了他们内心的价值观念以及对生活的追求。古人曰：格物致知，诚意正心，齐家治国平天下。小事包含大的人生道理，小的成功铸就人生大的辉煌。为此，勿以善小而不为，勿以恶小而为之。

换句话说，事小可道理却大，成熟、完美的人格正是由点滴汇聚而成的，人生的成功也是聚沙成塔的。认真做好要做的每一件事，努力养成责任意识，这会让每件小事成为塑造人格、提升修养的契机，更能成为我们过上幸福人生的准备。

为此，出于对自己人生的负责，我们在做事时要明确三个方面：

首先，慎重选择要做的事。因果论表明，前面做的事会对后面做的事产生影响，不好的事会招致一定的恶果，甚而会影响我们一生的幸福。千里之行，始于足下。因此，我们要确立正确的价值观，走正确的路。

其次，朋友很重要。人是社会性的，和谁一起做事会影响我们的习惯，也会内化我们的思想。因此，我们要选择好的朋友，因为模仿朋友的行为是人的天性。你与什么样的朋友交往，长期耳濡目染，就会影响你的价值观，甚至改变人生的轨迹。

最后，做事一定要有耐心、要认真。我们要按规范做事，不能有丝毫大意。任何侥幸与大意都是我们内心的魔鬼，它会招致一连串意想不到的不幸，甚至是灭顶之灾。细节决定成败，这句话是有一定的道理的。

小做事，大人生。千里之行，始于足下。让我们从认真做好身边的小事开始吧。

第九章　认识自我

人心不同，各如其面。

人之所以能成为万物之灵，就在于人不仅能认识客观世界，还能认识自己的主观世界。古人曰：知己知彼，百战不殆。不过，认识别人容易，认识自己却很难。要认识自己，就需要放下我们的面子，客观了解自己的不足。

认识自己就是了解"我"是什么样的人，在现实生活中，我们遭遇的很多错误是由于不认识自己造成的。人生就是不断地认识自己、完善自我的成长过程。

面相

小时候听大人说，从面相可以看出某人的脾气和祸福。我觉得这说法很神秘，它一直留在我心底。读中学时又遇到相同的问题，我依然不理解。随着年龄与阅历的增加，特别是从事心理学研究后，我努力从学理和亲身的观察中，逐步接纳了这个观点。

人们常说：言为心声，行为心表。也就是说相由心生，由面可观心。人的心情和音容笑貌都是由心态决定的，容貌也是

人的五官是天生的，面相则是后天自己内心的反映。年龄越大，这种影响越明显。

一个人心声和心态的晴雨表。长此以往，相貌就记载了人的心路历程，也投射出人生的沉浮。人的脾气是天生的，正如出生的孩子，有的大声啼哭，有的却嘤嘤嘤嘤，这些先天的性子急慢都会反映在人的表情上，因此，从相貌就可以读出人的性情。不同的性情影响着每个人待人接物的方式，也决定了人的未来，所以从面相也大致可以预知人的命运。如果究其原因，那是因为世界万事万物都是有联系的，人的身心也相互联系着，面相就呈现了人的过去及未来。既然中医能通过望闻问切、由表及里探知人身体的奥秘，那么从面相探究人的命运及为人也就不足为奇了。

心理学认为，人的内心是看不到的，它是内隐的，但是可以通过语言、面部表情、姿势和衣物表达出来。在表达思想情感时，语言可以伪装，但是面部表情、姿势很难受意识的控制。不过，面部表情是最集中、最能真实地表达人的情绪和思想的。

生活中的各种喜怒哀乐都会留在面部表情上。人生不如意十有八九，生活中重大的事件会对人的心情产生影响，并可能会持续一段时间。由于这些情绪反复地写在脸上，能引起面部肌肉的变化，形成了适应性的表情模式。比如，生活幸福的孩子，由于得到的爱、呵护比较多，加上生活条件优越、成长环境宽松，所以他们一般是面容柔和的，眼神单纯而清澈。有些孩子愁容满面，可能是由于生活磨难多，让他们深深体验到无奈所致。工于心计的人一般眼神多变化，但又装出若无其事，所以面部表情表现出一种矛盾。眼神飘忽的，或走神的，要么是躲藏什么，要么是心不在焉地想其他的事；眼神突然、发亮，说明周围环境出现了令他感兴趣的东西。

有的人眉头紧锁，这是愁相；有的人眉头舒展，这是无忧无虑的表现；有的人面相凶恶，是他经常发脾气所致；有的人嘴角总挤出一丝狞笑，说明他心眼小、报复心强。

面相真的很神奇，老年人常告诫我们："不要生气，生气会变丑。"美国总统林肯的好友曾问："怎么能凭相貌来判定人的好坏呢？"林肯回答："四十岁以后每个人得对自己的脸负责"。

通过面相，不仅可以帮助我们了解他人的过去，尤其是生活中经历的灾难，还能分析出他已经形成的性格及面对问题的处理方式。我们经常可以看到或听到这样的句子："从他脸上的皱纹，可以看到他经历的人生沧桑"；"他见人就笑，他快乐的生活写在他的眼睛和眉毛上"；"无神的眼睛，透露出他生活的无奈"；"他很冷静，一言不发，不住地吸烟说明他内心不安和焦虑"；"他对外界任何变化都无动于衷，好像没发生过一样"……

面相的秘密告诫我们：美好的心灵和乐观的心态，造就人美丽的相貌。奉劝天下爱美之人，美丽不是整形出来的，而是由心灵塑造的，所以培养良好性格，加强品德的修养，我们才会获得永久的个人魅力。

心生美丽

在日常生活中，如果个体崇拜某个人，他就会从内心倾慕这个心仪的人。那种渴望的神情，近乎着迷的状态，不仅模仿他人的外形，还认同他的思想、情感。他这种着迷的状态，使他和偶像大有融为一体之感。换句话说，从衣着、饮食和嗜好的刻意模仿，到个体身心的蜕变，使他真正幻化为所崇拜的人。不用说，过不了多久，这个人的相貌、神态、举手投足之间，竟然也出奇地像偶像。生命就是这般神奇。

漂亮和美丽是不同的。每个人都要对自己的面相负责，也要为自己的命运负责。

心理学认为，人的心理会影响人的外表和行为方式。当然，从人的外表和行为也能了解个体的心理，这是一个双向的过程。罗森塔尔效应认为，自我期待决定人的命运和行为结果。因此，自我暗示和自我期待不仅会影响人的行为方式，还会使人的命运产生神奇的变化。我们通常说，相信自己

能成功，就等于成功了一半；认为自己不能考好，真得也很难考出好成绩。

为什么会这样呢？因为相信自己成功，就会积极主动做事，即使遇到困难，也会努力设法去克服，直至最终取得成功。如果认为自己考不好，即使是稍微遇到困难，就会放弃努力。这实质上是自我概念决定了个体未来的期待。成功的人，尤其是自我概念中相信自己会成功的人，即使遇到困难，也会认为这是对自己的挑战，相信自己能克服并期待自己成功，这种心态激励自己继续努力，直至最后的成功。为此，在对学生的学习辅导中，要想帮助"差生"转化，要先矫正他的自我概念，即设法让他接纳并建立"我不是差生"的自我认识。只有树立了自己不是差生的自我概念，也就是相信自己是一个能学好的学生，才会把没考好归因为是自己努力不够。这是一种积极的归因能激发该生以后继续努力，直至取得好的成绩。可以说，我们的自我概念塑造了自己坚毅自信的外貌，决定了我们的心，也决定我们的行为和未来。

不管怎么说，人的内心影响自己的行为表现。内心丑恶的人，很难有慈祥的面容；心里纠结的人，即使有端正的五官，也是面无生气的一张苦脸。小孩儿的眼神为什么具有打动人心的纯真？是因为他心无城府。

心生美丽告诉我们，心灵美丽才会有生动的美丽面容，内心善良幻化出慈祥和善的面孔。更重要的是，美丽的心灵会塑造美丽的性格，给人一个美丽的人生。我们要时时关注内心，明确认识它、关注它、修整它、塑造它，让内心更加美丽。

有了期待，真好

期待是对未来怀有美好的一种内心渴望，有了这种期盼，内心就充满敬畏和喜悦。

有期待的日子，一定是充满幸福的。有了期待，我们会热爱每天的生活，早上能听见鸟鸣，睁开眼就能看到射进房间的一抹朝霞；我们走起路来神气十足，做起工作有使不完的劲，写起文章妙笔生花，下笔有神。有了这种期待，就会焕发出生命强大的力量，帮助我们积极面对生活中遭遇的任何痛苦。这是一种伟大的力量，它来自内心，既激励你去实现不可能的理想，又让你能触摸到生活的美好，还让你对人生充满无尽的向往。

人常说：哀莫大于心死。如果没有了期待，那就表明一个人的心死了，他就如同没有灵魂的行尸走肉，也似一叶浮萍，没有自我，随波逐流。这种人对外界无牵无挂，感觉毁灭与黑暗就在身边，无丝毫勇气去抗争。他们没有了自尊、自信，感觉日子漫长，日复一日，没什么变化。更重要的是，他们无力改变外界的一草一木，如同陷入习得性无助，只能跟着感觉混日子。

有期待，人生就有寄托，生活也就会有目标。日子有盼头了，生活就幸福了。

人的生活不能没有期待，有期待表明心还活着，人生充满精气神。有了期待，真好！

期待和一般的理想不一样，与人生的目标、任务、责任、愿望也不一样。虽然它们都指向未来与个人的愿望相结合，但是期待却蕴含一种神奇的力量。

期待是曾经和生命中这些人或事有牵连，是似曾相识，或来世或今生有缘。期待指向未来，或现实在生命的某个时刻有约定，或承诺重逢。期待，也是内心抹不去的一种执着，只要努力追寻，就能梦想成真。期待是一心一意的守望，内心敬畏，不能有丝毫二心。

有了期待，心灵就有了归属。虽然可能是独自一人，我们却不孤独、不寂寞。因为与自己的期待为伴。有了期待，我们可以徜徉在山水之间，呼唤内心精神的力量，谈山、阅水，感悟大自然的神韵，汲取造化对我们人生的启迪。

期待让我们有耐心践行一次伟大的行动。有了对某人或某事的期待，我们就会牵挂，按捺不住这份热望，怀着必胜的信心，主动思考如何达成所愿。虽然我们明

知道在前进的路上充满各种困难，但仍然怀着足够的耐心，铆足劲准备打持久战，因为这是我们放不下的牵挂和寄托。

有期待的人都会具有极大的热情。只要有期待，我们就会充满激情与活力。期待使我们找回迷失的自我，虽然生活平淡无奇，但内心却在踏歌而行，一举一动都是生命光华的绽放。

活着的人，无论是在阳光下品尝生活的甜蜜，还是在黑暗里努力奋斗，我们都应静下心来，倾听内心的呼唤，领悟并执着于自己的期待。

自我定位明确

一张足够大的白纸，若把它折叠 51 次。那么，它可能会有多高？

你可能认为这很简单，好奇地猜测：可能有一台冰箱、一层楼或者一幢摩天大厦那么高？

这些比喻都差得太多了！你可能不知道，这个厚度（高度）足以超过了地球和太阳之间的距离。

没想到，折叠 51 次的高度如此超乎想象。但是，如果仅仅是将 51 张白纸叠在一起，这个高度是很低的！

这个对比让不少人感到震撼。因为不了解自己，没有明确的人生定位，也就没有努

人人都要认识自己，才能扮演好人生的角色。只有认知自我，明确自己的定位，才能获得成功。

力的方向，缺乏规划的人生，它就像是将 51 张白纸简单地叠在一起。这样的人生可能是这样的：今天做做这个，明天做做那个，但是每次努力之间并没有联系。这样的人生，即使每个工作都做得非常出色，它们对自己的人生充其量也不过是一个

简单的叠加，根本不会产生巨大的变化。

人生充满许多诱惑，我们若不了解自己，事事关注，我们可能一无所成，因为人的精力是有限的。如果学会放下，把自己的精力集中在某个方面，倾尽一腔热情而辛勤耕耘，我们才有希望有所成就。

芸芸众生如自然界的万物，它们的一生就是向着太阳生长。这是大自然万物生命内在的规定性，也是这些生命的终生使命。它们矢志不渝地捍卫自己的生命，惹得大千世界异彩纷呈，每个物种都尽力彰显它们的生命力。

当然，也有一些物种因不适应环境而退出了生命传承的舞台。不过，更多的物种则是生存在竞争的艰难环境中，选择一个方向生长。

这就是自己定位明确，也是大千世界"物竞天择，适者生存"的法则。

社会与自然相似，人与其他物种一样，也都在努力获得生存与发展的自由。每个人明确定位，在社会竞技场上拼搏、彰显并发展自己的才能，从而获得别人不可取代的一席生存之地。

马丁·布伯的这句话，我一直认为是人生发展的箴言："你必须自己开始。假如你自己不以积极的爱去深入生存，假如你不以自己的方式去为自己揭示生存的意义，那么对你来说，生存就将依然是没有意义的。"

有些人，一生认定一个简单的方向而坚定地做下去，他们的人生最后达到了别人不可企及的高度。譬如，我一个朋友的人生方向是学习英语，他花了十数年努力，仅单词的记忆量就达到了十几万之多，在这一点上他达到了一般人无法企及的高度。

当然，也有这样的人，他们的人生方向很明确，譬如开公司做老板。他们需要很多技能，如专业技能、管理技能、沟通技能、决策技能等。他们也许一开始尝试做做这个，又尝试做做那个，似乎没有一样是特别精通的，但做这些事都有个共同的目标——开公司做老板。所以，这个方向足以将以前的这些看似零散的努力都统合到了一起，所以，这也是一种复杂人生的有机折叠，而不是简单的叠加。

现在是中国快速发展的时代，也是人人寻梦的时代，然而很多人却热衷于从看不见的地方寻找答案，比如潜能开发、成功的秘诀等。他们认为，人生的发达与成功要靠一些奇迹与绝活才能获得。不过，这些快速成功的秘诀或天上掉馅饼的好事并不具有普适性。认识自己，通过积极规划，努力利用好现有的能力远比挖掘所谓的潜能更为重要。

奋斗的年轻人一定要记住：看得见的力量比看不见的力量更有用。这就是认识自己，要有明确的人生定位。知己知彼，有了明确的定位，再加上行动，成功才会一步步向我们走来。

认识自我，明确定位，是我们发展的根本。

你到底需要什么

人生经常面临选择，选择的实质就是放弃。然而，生活中许多人光想得到手却不想放弃任何东西，甚而还想获得另外的。于是在面对选择时，他就会出现困惑，甚至逃避。逃避并不等于解决了问题，只是不面对而已，结果往往变成挂在嘴边的无奈之举："跟着感觉走"。我们经常把这称作选择的恐惧。

患有选择恐惧的人一般占有欲强，更主要的是他们容易受外界的影响，只看到事物的表面价值，忽视了自己真正的要求。准确地说，没有顾及以后五年、十年乃至终生需要过怎样的生活。人有所不为才能有所为，人生兼而所得的事实在太少了。为此，我们需要在纷繁的社会里或忙乱的劳作中，给自己留下些时间，在绝对不能受外界侵扰的状态下去关注内心。为此，我们要毅然放弃其他不属于自己的，甚至是已经拥有的东西。如果这样的话，你此生就无遗憾，不会后悔

知己知彼，百战不殆。认识自己内心的真正需要不是一件简单的事。

了，你的人生每时每刻都在为真实的我而活。

我们可能是活在面子中，或者活在别人的评价、社会的赞誉中，所以我们身兼数职，百事缠身，满脑子都是计划、目标、房子、开会、聚餐等。一个"忙"字成为生活的主旋律，连彼此见面都会寒暄："最近忙什么？"为此，我们可能没有了片刻的宁静和独处，也无暇顾及内心世界的需要。不过，总有一天，当年事已高，那些簇拥着我们的外在东西慢慢失去曾有的光环，离我们而去。此时的我们已没有践行自己使命的精力，除了孤独的回忆，也只有与内心的"我"为伴。

如果年轻时我们能体察到自己内心的需要，然后努力地去满足它，即使没有实现，我们一定也没有留下遗憾。因为我们没有忽视内心，曾经去抗争过。

生命是有限的，我们曾为自己的梦追寻过。面对衰老与死亡，我们没有丝毫的痛楚，更没有丝毫的悔意，仿佛一阵来自原野的带着泥土味儿的风，轻轻地掠过大地，慢慢地老去。

这是最美好的人生谢幕，把不悔和坦然留给悠悠无情的岁月，留给天边的地平线。

朋友，了解自己真正的需要，学会选择吧！这是我们人生的必修课。为了我们自己的这一生，你要知道自己到底需要什么！

人生苦短，做自己想做的事！我们的人生，我们自己做主。

做一个坚守原则的人

在高速路上行车一定要保持安全车距，按道行驶。每个车道的限速一定要遵守，不要侥幸这里没有电子监控而肆意超速。不管是两车道，还是令人兴奋的、空

生活中哪些该做，哪些不该做，我们都要有做事的底线。古人曰：行成于思毁于随。成熟就意味着理智。

旷的四车道，我们都要按规定的车速和规则驾驶。遵守这些规则，能确保自己和他人的安全。毕竟人的生命只有一次，我们绝不能掉以轻心。

如果内心平静下来，我们都会思考这些生命与安全的问题，并反复告诫自己：高速行车一定要遵守规则。然而，一到实际情况，当品尝到高速驾驶的乐趣后，我们可能就按捺不住内心的激动，不由自主地脚踩油门，使车速快起来。尤其目睹其他车的快速，许多人都容易产生竞争心理，也想让车快起来。从心理学的社会比较理论解释，个体要确定采取什么样的行为，一定会把自己的行为和大多数人进行比较，尽可能缩小与大多数人之间的距离，因为人们相信大多数人的行事风格是对的。只有随大流了，个体才能减少焦虑和不安，获得安全感和归属感。这个理论适用性较广，尤其对不成熟、缺乏内在自我判断标准的人更是如此！

古代有孟母三迁，主要是孟子的母亲想给孩子找个好的邻居，让孟子比较、参照和模仿学习。青少年由于社会经验不足，尤其是非观念差，他们的思想观念和行为方式极易受周围环境的影响。如何为他们营造好的生活环境，让他们不由自主地参照和模仿，从而实现我们对他们的教育期待，这是社会教育应该考虑的重要问题。

然而，无论环境对我们可能产生怎样的影响，这些都不是最关键的，我们关注的应该是如何调动自我的力量，坚守内心的原则或某种底线，并用理性的力量支配我们的行为。只有这样，我们才能克服外界各种诱惑与干扰，实现人生的价值。不用说，人的自觉控制力以及支配行为的理性是如此重要，否则我们的人生将是一叶浮萍，随波逐流，失去人生的奋斗目标和方向。到头来，我们只会一事无所成。

理性、成熟的品质对一个人的成功与人生幸福太重要了，人的社会化过程就是一个文化化、理性化的过程。

理性的力量不仅取决于认知的发展，也是自我意识中自我意志力的体现。在某种意义上，这种力量发展得如何取决于内心的自我。小时候的自我很弱，长大后，尤其进入青春期以后，我们的自我开始觉醒和发展，至三十岁左右发展成熟。自我对我们的行为方式产生越来越具有决定性的作用。不过，自我是否成熟以及对人生是否产生影响，它不仅取决于年龄，更取决于自我控制力的发展。因此，自我的发展与成熟不仅需要有自我反思，还需要有人生磨难的经历。在某种意义上，遭遇生活重大事件是上天赐给我们的宝贵财富。只有历经磨难，才能化茧成蝶，实现自我的蜕变和发展，形成理性的人格。具有这样成熟人格的人，他们恪守自己的是非标准，不会盲从。如果不幸出现意外，他们也能勇敢承担后果，如顶天立地的大丈夫。他们情绪稳定，做事有分寸，不容易受外界影响。虽然他们表面冷静，看似孤独、寂寞，但他们坚守原则，忠于职守，终会被周围的人理解和认同，甚至感动和敬佩。

要做这样的人，需要经常地反思，独立地做事，还要有战胜艰难险阻的勇气，把遇到问题当成一次绝好的学习机会，始终明白自我的成熟不是来自先天的造化，而是来自后天的学习和实践。为此，要勤于反思和总结，逐步建立起我们自己的生活目标和做事原则，努力提升自我控制能力。

如果你选择了这样做，你就是一个理性、成熟的人，也是一个具有人格魅力的人。无论走到哪里，你都会充满活力、热爱人生、富有爱心。

坚信与众不同

每个人都是与众不同的。每个人都要了解自己，努力发挥自己的潜能，绽放属于自己的精彩。为此，每个人一定要有自己的梦想。

我们可以平凡，但必须有个性。个性是我们存在的价值，坚持自己的梦想就会有自己的成功。

从小到大，我喜欢写作、绘画。初中时，我就梦想以后从事与写作有关的工作，幻想自己写的书籍能摆在书店，尤其有人驻足阅读时，我内心就会有一种莫大的幸福。虽然几经生活的变迁，我也进入了不惑之年，但是这个梦想仍然经常浮现在脑海，它时常拷问现在的我，多次让我心潮澎湃，久久不能平静。每当这个时候，我就体验到一种神圣的力量，激励我要用百倍的热情去努力实现这个梦想，大有如果今生不圆这个梦，就会食不甘味、寝不安席，人生就没有了意义。况且，我们已处在新时代，许多出身草根的人，经过自己不断的努力已脱颖而出。他们取得的成就让我蠢蠢欲动，好生羡慕。说真的，我没有想出名，只想做自己喜欢做的事，更想实现少年时的梦想。也许，你与我相似，我们都拥有一样的经历和梦想吧！

　　朋友，我们不必羡慕时代的幸运儿，他们只不过比我们先行了一步，可能已经成名，但是我们有自己的特点和优势。最重要的是，我们不甘于落后，不放弃信念，珍惜我们的生命，认可自己存在的价值。如果忽视了自己的价值，这样生活一辈子，那可真是枉活了一世！大有临死的时候，有些"有钱还未来得及花"的遗憾，因为我们没活出自己的独特。

　　为了避免这种人生遗憾，我们就是要倾心准备成就梦想的一系列艰苦、细致的工作。从现在开始，我们就要认识自己的梦想，并怀着一颗守望的心，一步步地去实现自己的梦想。为此，我们需要向那些已成功的时代骄子学习，努力做好下列几点：

　　首先，坚信自己能成功。每个生命的孕育及诞生都是一个独特的成功，所以我们的梦想是与众不同的，走的路也是特殊的。毋庸置疑，只要朝着自己的目标不停行走，每个人都能在平凡中创造奇迹。天生我材必有用，成功一定是一段传奇，与我们的独特性休戚相关，它是一条前无古人后无来者、只属于我们自己的路。

　　其次，要虔诚对待自己的梦想。我们要对自己的梦想充满热忱，大有今生今世的唯一之感。那么，什么样的梦想有这般吸引力呢？当然是自己从小的愿望，也是自己认为的人生使命。它一旦成为我们人生的信念，就会召唤我们表现出一种殉道者的情怀，去关爱、去守望。虽然在追寻成功的征途上会遇到各种困难，但是无论如何，我们都要矢志不渝地前行，坚守不放弃的底线。

再次，要忍受孤寂。为了实现梦想，我们可能就要与众不同，因为目前自己的状况和梦想之间有着太大的差距，以致别人很难相信我们能成功。这对我们来说是巨大的考验和挑战。为此，我们要忍受孤独与寂寞，甚至是误解与白眼。

最后，要自我强大。人常说：哀莫大于心死。我们要回归自己的精神家园，与内心的"我"絮语交流，多重温成功的经历，多回首我们付出的努力，多畅想未来的成功。从这种恭敬与冥想中，以不放弃的心态滋养自己的意志力，以百倍的热情重振雄风，让我们努力战胜困难，迎接属于自己的成功。

朋友，这是一个社会日新月异的时代，也是一个人才辈出的时代，更是一个创造梦想、神话和传奇的年代。只要我们坚信自己与众不同，努力听从内心的呼唤，怀揣自己的梦想，我们就一定能在这个火热的年代谱写出一部今生今世属于自己的传奇。

坚信自己与众不同，坚信天生我材必有用。

弦外之音

我们喜欢别人说话时言简意赅，表达明确。

然而在社会生活中，人们都是会自我价值保护的，

自娱自乐时，弹琴就是一种用琴表达内心的愉悦行为。若是表演，弹琴则多了一层表现自己的意思。

人们又喜欢听好听的话，涉及尊严和是非的内容又往往倾向于含蓄、间接，担心太直白容易伤了对方的自尊。为此，人们的表达会变得委婉、含蓄。如果是个善于倾听的人，他一定能听出话语背后的含义，也就是说弦外之音。

那么，如何听出弦外之音呢？

一般认为，人说话的内容和身体倾向于一个整体。若有矛盾或不一致，那就有可能存在弦外之音了。这种弦外之音通过特有的语调、装饰音等方式表达出来，具体有下面几种方式：

1. 语音、语调

语音、语调是我们情绪的流露，是对语言表达内容的强调。高昂、激扬是喜欢；低沉、缓慢是不耐烦、无兴趣。如果对方表达的意义与语调的情感色彩不一样，那一定有其他的含义了。这就是言不由衷，存在"项王舞剑，意在沛公"之意。

对某些字词的强调，也是不容忽视的。有些典型的语句："如果……那么……"，这基本上就是合理的回绝了；"虽然……但是……"，则是强调"但是"所指的内容。

2. 副词与助词

俗语说：听话听音。我们对别人说话，一般的主谓宾就能表达完整意思了，额外增加的词语，如副词、助词，一般都是有其潜在的意义。比如："我曾经很风光"，这说明今不如昔了；"你真是太认真了"，其实是说不需要你这样做，这会让人不安、有压力的；"按理说，应该是很成功的"，其实是想表达你不很成功。

3. 语言与表达的不一致性

在人际互动时，如果语言与表情一致，我们内心就会感觉对方很真诚，否则会有被忽悠或遭愚弄的感觉。相对而言，人的表情比语言更真诚，因为语言可以受意识控制，但表情更多地受不随意的支配，所以当语言与表情不一致时，说的话一定是相反的，或有其他与语言不一致的含义。

4. 身心不是一个整体

心理学认为，人的认识、情感和行为是有机联系的整体。一个健康的正常人，应该是言行一致的，否则内心就充满纠结。

5. 热情无度

我们对人对事热情，以表达了我们的真诚。然而如果太热情，那就虚假了，它让人感觉不真诚。因为在人际互动中，世上没有无缘无故的爱，也没有无缘无故的恨。如果爱你，那一定是有原因的。如果是刻意的讨好、献媚，一定是另有企图的，其背后一定藏有不可告人的目的。为此，我们应该提高警惕，千万不要被其表面的假象所蒙蔽。

6. 说话前后不合逻辑

人是寻求思想一致、有前后逻辑的，每一个意思的表达，也是有递进、因果联系的。如果在人际交流中，某些人说的话前后矛盾、不合逻辑，那一定不是他真实的想法，或者说他有所隐瞒。为此，这就要求我们要认真倾听别人的话，并注意前后意思的连贯和一致。

7. 不正面回答

有时，我们需要对某个问题有明确的态度，然而对方却谈了许多无关的东西，对极为关键的，却一再支吾、搪塞、避而不谈。无疑，这种表现实质上告诉我们，他的态度与我们期待的不同，他们不愿正面地回答或表态。

总之，判断与识别弦外之音的方法还有很多。在人际交往中，要多观察、多体会，学会善意的表达与委婉的批评，尽可能维护对方的尊严。

第十章　自我发展

每个人都想实现自己的价值。

西方学者马斯诺认为，人的最高层次的需求是自我实现。

随着生命的发育和成熟，我们生存的目标越来越倾向于追求自我潜能的发展。然而，人的需要很多，个人的精力也有限，这就需要有所取舍。

古人曰：行成于思毁于随。对一个人而言，任何目标的达成，尤其是远大志向的实现，都需要克制自己，勇敢与各种困难做斗争。

一个人能走多远，取决于他个人的意志力。

意志力

小的时候，长辈就教导我们，做事要善始善终，不能"三天打鱼，两天晒网"，否则人生到头来一无所获。人生的经历也告诉我们：成功的人贵在坚持，他们围着一个目标，矢志不渝，终成大业。

人常说，"冰冻三尺非一日之寒"，"只要功夫深，铁杵磨成针"。这是激励年轻人的千年古训，也是陪伴他们的座右铭。正是这些人生箴言，不仅激励人们拥有强烈

古人曰：业精于勤荒于嬉。自我控制力是古往今来成就伟业的首要品质。

的动力和勇气，还点亮有志者黑夜里的明灯，指引他们向锁定的人生目标奋进。这些都是对意志力的描述，它是任何成功不可缺少的力量。

心理学认为，意志力是自觉确立目标与克服困难相联系的活动。意志力包括自觉性、目的性、自制力、果断性、持续性。意志力是人的随意活动，其核心是自我控制力，也就是一个人的自制力。我们能否做大事情，关键在于能否有效地控制自己不受外界干扰，把有效的精力放在一直从事的明确活动上。无论是不达目的誓不罢休的人，还是遭遇人生磨难而发愤做一番大事业的奋斗者，他们之所以得以最终获得成功，其重要的原因就是他们拥有很好的自我控制力。

那么，克服困难的勇气和动力来自哪里？精神分析心理学家阿德勒认为，人有一种超越自卑的自我发展动力。如果经历过人生的大悲大喜，尤其是品尝过屈辱的、没有尊严的生活，就会激发他们发奋，摆脱受人歧视的命运，努力做一番大事业。现实的苦难刺激使他们自我拯救，立志不能像常人一样默默无闻、逆来顺受地度日。他们每天卧薪尝胆，激励自己要不断超越。他们就是意志坚强的人，具有克服任何困难的勇气。心理弹性理论认为，当个体遭受挫折后痛苦越大，反弹的生命冲击力也越大。为了摆脱这种困境，实现既定的目标，他们什么苦和累都能忍受。他们常常怀着被逼无奈来开启自己的奋斗之路，因为他们不屈服命运，敢于挑战各种不利的环境，努力驾驭自己的生命。中外历史上，这方面成功的人很多，与其说是历史选择了他们，不如说是他们的自我奋斗，选择与改写了自己的人生轨迹。

对于这些意志坚强的人，他们在改变历史的同时，也超越自己，或走出自卑，或名垂青史。他们的事迹震撼我们的内心，不仅令我们肃然起敬，还激励我们做一个既平凡又具有意志力的人，努力去成就自己的人生辉煌。

自制力对一个人生命的发展很重要，个体的成熟、一个人能做多大的事，都与一个人的自制力密切相关。不过，自我控制力越强，人的天性也越被压抑，心理问题也会随之增多。我们只有经常调节与疏导，才能维持心理平衡，不断地成就人生更大的辉煌。

自我抉择

人生就是一个接一个的抉择。我们无法选择出生的家庭，但可以选择自己要走的路，以及以后所做的事。选择是一种权利，也是一种责任，它们往往是相伴而生的。但是，人们喜欢享受权利而又想逃避责任。生活的现实告诉我们，逃避的结果一定是承担更大的责任。

然而，在人生各种抉择中，为什么有的人犹豫，瞻前顾后呢？

一般认为，这是怕失去的心理，也就是想得到却又不想失去。其实这是内心没有安全感的表现，缺乏对自己获得成功的自信。想保住已有的优势，还想拥有新的权力，又担心失去的风险。处于这种选择的冲突中，个体出现焦虑也是在所难免，这也是人格上不成熟的表现。

我们的肚子就那么大，多吃那个就得少吃这个。学会选择，就是懂得取舍。舍就是得，这就舒服的"舒"。

不明白自己的需要是什么，可能也是选择困难的重要原因。我们从小在呵护中长大，尤其是一到三岁，在我们自主感发展的时期，父母害怕我们受伤，经常限制我们的自主活动。特别是做错事时，他们的批评会让我们感到羞怯，甚至自责，这使得我们丧失了自我主动性的发展。心理研究还指出，四到六岁间的孩子想象力丰富，对外界充满好奇，他们喜欢与人交往，大胆做想做的活动，努力体会在他们意识行为作用下使外界发生变化的成功。如果父母把自己的意愿和要求强加于孩子，

以后孩子就会失去建立独立生活的能力。

令人痛惜的是，我们的传统文化是"无我"的，认为乖孩子就好，我们就是这种"无我"教育方式的牺牲品。从小到大，父母安排我们的生活，让我们失去了选择的权利，我们习惯于做个乖孩子。我们不了解自己的需要以及喜欢，当然也不知道要承担什么样的责任。

为避免类似事情的发生，我们要给孩子自由，尤其小时候要多给他选择活动的权力，这既发展他的自主性，又让其在体会结果的过程中不断矫正自己的行为。一般认为，从四到六岁起，主动让孩子选择自己喜欢的活动，鼓励他积极参与同伴的活动。即使出现差错，也要给予积极的帮助和支持，而不要小题大做，一味地批判与指责。无疑，孩子参与的活动越多，越了解自己的优劣之处。他不仅了解自己的喜好，而且发展了自主的意识，这些将为他以后人生的抉择与承担责任奠定基础。

抉择是我们人生的必修课，不管什么时候我们都要成长。我们要积极培养抉择的能力，若有选择的困惑，我们要积极寻找原因，主动获得专业成长的帮助。不要做听话的"妈宝男"，要走自己能选择的人生之路，去追求人生价值的实现。

下决心

在漫长的人生中，我们经常面临要下决心，我们都知道：只要下了决心，那就是与过去彻底告别，开始一种新的行为与人生。下决心就是经过反复思考与抉择后，毅然接纳一种新思想或采纳一种有别于过去的新行为。

为什么要下决心呢？因为我们天性喜欢变化，况且影响我们变化

决心越大，做事的动力越强。

的因素太多了。人生若不下决心明确自己的发展方向，我们可能就会迷失方向，误入歧途而成为罪人。人的精力有限，如不把宝贵的时间投入到一个目标上，就不能获得人生的成功。下决心是我们不可回避的，也是自我在内心举行心理承诺的仪式。

决心对我们的人生这般重要，那么如何下决心呢？一般认为，决心很有生命力，凡是下决心的人，他们的慷慨陈词都具有很强的执行力。

若想达到决心具有生命力，它必须具有信念的作用，为此，这样的下决心需要我们注意以下三个方面。

第一，要结合情感。下决心表现于外的是语言和文字，这仅仅是一种内心的表白，对个体的当下可能会起些作用，但事随境迁，这种表白就会被遗忘或被更重要的事而挤出我们的生命。如果这些表白和情感相结合，它们就转化为信念，也就有情感的动力，平白的表述进而被赋予了生命，可以持久地激励自己的人生。下决心一旦和情感结合，就具有了无穷无尽的情感力量，使之朝向一定的目标行动。

第二，要有个承诺的仪式。下决心不能仅停留在语言上，一定要付诸行动，才能起到下决心的作用，否则只是纸上谈兵，对我们的人生根本产生不了作用。宗教之所以能使信徒身体力行地践行所信仰的信条，关键在于洗礼的仪式。为此，下决心后要有一个对自己及他人的承诺与见证，比如说换个发型在众人面前郑重宣读，这种活动类似一种仪式，它引导我们走过"下决心"这个"奈何桥"，进而踏出不回头的一步。

第三，反思与写日记。干任何事情仅有下决心还不够，虎头蛇尾更不行，我们还应该不停地监督自己，努力使新行为习惯化。据研究：反思与写日记是促进个体心理成长的重要方式。在下了决心后，个体的行为因仪式化的过程而启动了通向新目标的行为。然而，旧的行为还会反复，这表明新目标还未真正内化。如果个体每天进行"反思或写日记"，就会有助于监督个体新目标的内化，进而成为自我人格的一部分。

总之，下决心不仅必须与情感联系，使之有很顽强的力量，还必须与仪式结合，帮助我们达成内心的承诺。这样，个体就会开启由必然王国向自由王国的转化，以后就不需要再下决心了，因为只是一个习惯行为而已，这才是下决心的最高境界。

成功的秘诀

当年在高校工作的我，面临着职业生涯发展评职称的问题。我客观分析了自己的情况：一是没有"贵人"的帮忙，自己很不擅长走关系；二是评高级职称的条件较严格，不仅要有领导的赏识，还要有较强的科研成果。结合自己的实际，我必须用较强的科研优势才能与同行一争高下。然而，我是十年前的硕士，知识结构已落伍了，还有家庭的压力，这些不能让我在短时间集中做科研。

成功需要决心、行动与坚持。理想的实现贵在坚持。经常写日记是给自己鼓足力量的好方式。

思前想后，对我而言，最好的方式，也是一劳永逸的方式，那就是考取博士。所以，我还是下决心走考博士这条路，虽然这条路很难。

记得下决心那天，我喝了些酒，也剃了头发，心情久久不能平静，一个人在外面溜达。我望着远山，内心祈求它给我力量。我躺在松软的草地上，看天上的白云，希望它能拯救我在充满荆棘的路上，努力奋斗的那颗孤独的心……

这些仪式让我正式与过去的自己告别，第二天就开始复习准备了。

一开始困难重重，我要割掉许多爱好，挤出更多的时间复习或学习新知识。那时，我住一间房，年幼的孩子要拉着我陪他说话。怎么办呢？没有适宜的学习条件，我就创造条件迎难而上，我每天强迫自己到教室与学生一同学习。我还担心自己受周围闲言碎语的影响而迷失或放弃，我就经常回忆高考，希望当年千军万马过独木桥的经历给我力量，等等。更为重要的是，为了牢牢守住自己的热情，我还坚持每天写日记。因为有日记的陪伴，我不孤独，它是我漫长求学路的强大支持。

回忆高考备考时，我学习的劲头那么大，归功于每天的总结与反思，它使我不忘心中的目标。每天结束学习的深夜，我虔诚地写日记，它似我内心的缪斯，有它的关注、与它交流，我勇敢与坚强，不会被任何困难所吓倒。那时，我每天与自己对话，指出不足，褒奖好的行为。在漫长的黑夜，日记是我的导师，是前进的一盏明灯。它经常鼓励我，也为我想出克服困难的种种方法。当第一次考试失败后，我也曾困惑、迷茫，但翻翻以往的日记，我忽然又有了无穷的动力，体会到一种神圣的使命感。我流着眼泪，呼唤自己的名字，激励自己不放弃。就在此时，我以前读过的许多励志故事，开始浮现在脑海，一个个伟人、勇士，他们有的是同我微笑，有的是讥笑我的软弱，有的是握着我的手鼓励我坚持。这些生动的人物都化作一股力量簇拥着我，我止住了泪，冷眼嘲笑现实中的一切困难。顿时，自己强大起来，我轻蔑内心的犹豫，站起来对自己说："痴心不改做大事，让我从头再来。"

就这样，我战胜了几乎退却的自我——年龄大了，是否适合再考博士了？我又昂着头，抖擞精神重新上路了。这一次决心更大了，有个声音告诉我："考吧，考到不能考的时候，不考了。博士——我曾经苦苦追求过你，此生无憾了。"

事情没像我想得那么悲惨，我第三年就考上了。令人欣慰的是，我同时考取了华南师范大学和北京师范大学。最后，我毅然选择了北京师范大学。我想在我这个年龄，尤其是工作十年后再考取博士的人是不多的。当我拿到入学通知书的时候，我回首这几年的付出，露出欣慰的笑容，认为过去的所有付出都是值得的……

有这段人生经历，我想以后的人生是没有过不去的坎了。

读博士不仅是对个人毅力的考验，而且也是对个人智慧的一次评价。我想对自己说："我这个人，行！"既然曾经有这般迟来的辉煌，我想此生此世，一定能做出让自己引以为豪的成就。

这是我下决心考博士的经历，也是一个由下决心到最后走向成功的故事，它是我人生的宝贵财富。我能从中领悟什么是励志，什么叫做事，以及如何从目标产生，经过下决心，到最后获得成功，这是一个完整的"意志行动"。人生任何一个目标的实现都是一个涉及确立目标、克服困难、坚持不懈的活动，有了这次人生亲历的体验奋斗，这种经历中再生的情商与智商都会迁移到我以后的每个人生阶段，也提升了我的人生效能感。

什么是人生的成功？坦率地讲，成功就是比别人更有决心，然后集中所有精力与时间努力只干一件事。正如有人夸奖鲁迅是写作天才，鲁迅却这么说："哪里有天才？我是把别人喝咖啡的工夫用在了工作上罢了。"

我们的时代是一个伟大的时代，国家的飞速发展，为我们创造或实现自己的"中国梦"提供了广阔的天地。每个立志创业与追求成功的人，让我们立足于社会和国家的发展，从"下决心"开始，并在决心的引领下，努力追求自我的梦想与人生的成功。

自我激励

做什么事都要有动力，也就是，只有充满一腔热忱，才能矢志不移，驱使

外因是变化的条件，内因是变化的根源。自我激励是驱动个体行动的最大动力来源。

我们克服各种困难，最终实现自己的目标。如果没有持续不断的力量，就会"三天打鱼，两天晒网"。过不了多久，可能就会禁不住其他诱惑，轻言放弃，到头来一无所获。

心理学家班杜拉认为，在社会观察学习中，替代强化很重要，但是自我强化更重要，而且随着人格的成熟，自我强化在个体社会化过程中发挥越来越重要的作用。这里的自我强化也是个体为了达到目标所采取的自我激励。可以说，自我激励是我们人格成熟的标志，也是我们人生不可或缺的重要品质。无论我们扮演何种社会角色，都要有未来的期望，也要过一个有尊严、有希望、充满快乐的人生。如果生活没有了前进和奔头，我们就如同形尸走肉，没有了灵魂。我们还可能整天百无聊赖，无所事事。这种日子真是度日如年，乏味无趣，让人生不如死。

如果自我发展是人生充满快乐、幸福的源泉，那么自我激励才是推动我们努力的动力。因为自我的发展，乃至目标的实现，如果缺乏适时的自我激励，都是纸上谈兵，不可能导致切实的行动，也不可能再生新的发展和目标。结合心理学的研究，我总结了以下行之有效的激励方法，如果我们熟记并付诸实际，那必将提高生命的活力。

以快乐的心态生活。快乐地生活是人生的一种智慧，如果我们带着快乐的眼光看待生活，一定会发现生活本身无所谓顺境逆境。因为生命是一个过程，"祸兮福之所倚"，事物都是辩证的，任何困难的背后也有积极的人生意义和价值。失败是成功之母，越是充满危机的地方越有可能潜藏着我们人生的转机。只有快乐地生活，才会让我们勇于坚持梦想，对逆境一笑置之。同时，希望也垂青于不放弃、有耐心的人。

给目标再增加一个意义。生活目标之所以值得我们努力去实现，是因为它对我们未来充满价值和意义。对目标赋予的价值越多，越容易唤起我们信仰的力量，如果人为把目标神圣化，目标就具有非凡激励人的行动的魅力。因此，困境之时，不妨重新诠释目标，努力挖掘它新的人生意义。

目标具体化、阶段化。远大目标的确能激励人，但是达成目标需要很长的时间。只有有顽强毅力的人才能走到最后，成就人生的大事。可是，这样的人毕竟是少数。对一般人而言，把目标分成若干阶段，然后分解成小而具体的目标，小的目标具体而容易达到，能使我们及时获得成就感。小的成功虽然不起眼，但它是成功路上的加油站，既能休憩也能充电，召唤我们不断去追求下一个目标。

反思自己，把握现在。在挫折面前，我们往往比较脆弱，容易丧失信心，甚至全盘否定自己，怀疑自己的能力。如果遭遇这种境况，不妨反思一下自己的过去。一是回忆以往的成功经历，用事实找回自信，告诫否定自己是不客观的评定；二是重温成功的付出，能鼓励自己勇敢地面对困难，坚信战胜困难，成功就在自己眼前；三是接纳活在当下的理念，不考虑过去，也不想现在与目标之间的距离，把注意力放在目前的问题上，只有聚精会神于问题，我们才会忘却一切困扰。

经过这些方法的激励，我们一般都能增强自己的力量，对未来充满信心。人一旦内心强大了，就会唤醒强烈的精神力量。困难就像弹簧，你强它就弱，不再成为你实现目标的绊脚石。你怀着"人生没有过不去的坎"，以一个殉道者的情怀，"宁静以致远"，化解任何艰难，最终达到目标实现的彼岸。

自我激励是我们人生旅途的忠实伴侣，成功的路上有它陪伴，我们才不会孤独，奋斗才有动力，成功有希望。自我激励是我们人生最忠实的支持者。人生最大的失败是自己瞧不起自己，人生最大的帮助是自我拯救。所以，只有我们不放弃自己，不断自我激励，那么任何困难也不能打垮我们。

心灵驿站

如果专注于一件事，因迷上它，可能会忘了我们人生的真正目标。我们甚而会放任自我走得很远，找不到回家的路。

如果身边有个好友提醒，就能使自己时刻保持清醒，防患于未然。可是，这样的知己很难寻觅，也很难相伴终生。如果我们是一面镜子的话，经常擦拭它表面的灰尘与污渍，才能永远保持洁净，充分发挥它明确的"客观、真实照射对象"的功能。这启发我们时常停下手中的活动，忙里偷闲，给自己的心灵一个休息的空间。让内心的我回溯、检查我们走过的人生历程，评判人生轨迹是否偏离出发时的方向。这种身心放松的状态就似我们人生的驿站，身心可以在这里休憩，内心可以获得反观，还能及时校准我们前进的方向。

这是一个心灵的驿站，也是抚慰心灵的加油站。人生就如同一列运行的火车，路途中站点的停靠，就是我们心灵的临时家园。有家就有了心灵的归属，可以调养身心。正是由于不同站点间的休整与出发，我们的心理获得成长，自我潜能也逐步开发。我们就这样一步步达到自我实现，获得人生的成功。

自我教育、自我鞭策、自我成长。别忘了，呵护自己的心灵，不要走错了回家的路，要自己拯救自己。

人生列车不是一帆风顺的，不仅会遇到自然灾害，还会遭遇列车本身的问题。每当失意之时，我们需要力量和支持。不过，除了从外界获取支持外，自我的拯救才是我们得以立身和发展的根本。

从心理学角度，小时候没有自我，随着年龄的增加，生命逐步显示出其存在的价值。从三四岁的自主性，五六岁的自动性，到青春期的自我同一性，自我的力量不断蜕变，其本质是体现生命价值的自觉控制力。这种主体意识在我们脱离父母走向独立之后，不断地激发我们追求自我价值的实现，完成自己的生命历程。虽然在与他人的交流过程中，我们要学习和掌握社会角色，实现个体的社会化，形成公众的自我，但是由于各人禀赋的差异，又遭遇机缘的不确定，使得每个人的人生发展

第十章 自我发展

169

轨迹不同。我们可能因迷上某个社会角色，或执着某个声望活动而走向异化，甚而忘了自我的初心。然而，无论公众的自我多成功，获得多少赞誉，但是自我的初心是个体自我永恒的归宿。为此，我们要经常放下公众的自我，让心灵休憩，感悟内心的渴求，重新审视自己的人生，努力实现自我的整合。

自我呵护，是自我的觉醒，自我反思是自我的责任。人要不辱使命，人要自我实现，人更要走准人生的方向。在这个世界上，内在的自我与外在的自我都是由自我产生的，是一只手的两面，只有自己呵护自己，自己关心自己，我们的生命才能是自我整合的统一体，它有助于我们砥砺前行，努力完成我们人生的巅峰之旅。

学会等待

我们都期望想做的事马上能成功，可是人生往往事与愿违，许多事要走弯路，需要我们付出一定的努力。有时，看似无望却又绝处逢生，成功从天而降。为此，我们常感叹命运捉弄人，认为世事茫茫难自料。然而，人生越是重大的事情，可能越是

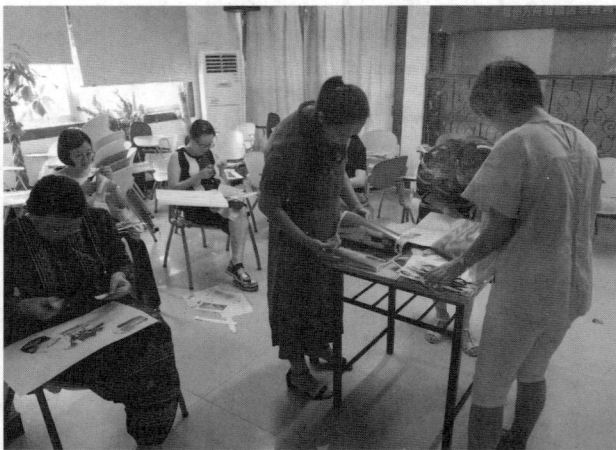

做任何事都会遇到困难，要坚持，要学会等待。

折磨我们的意志。你若想真正获得人生梦想的成功，你就不得不学会等待，尤其要有足够的耐心和恒心去抗争命运的各种捉弄，努力奋斗，直至梦想成真的那一天。

从哲学的意义上讲，这是质量互变规律。任何事物的发展先是量的积累，一定程度后才能促成质的变化。虽然同是一个事物，但由于先后不同的状态，却有不同的内涵。用眼下的升学比较，这就好比经过努力打拼你成了一名博士生，表明你

和以往硕士的不同，经过艰苦的努力，通过了博士论文的答辩，终于获得了博士学位。此刻的你，虽然同样叫你的名字，可如今的身份和以往不同，你人生选择的机会以及社会声望也不同，为什么？这就是质变，表明硕士和博士的学术水平不同。所以，当质变未发生时，我们一定要静下心来，下足功夫，潜心学习与工作，主动地为梦想的实现作积极的准备，这也就是努力等待了。不过，等待不是什么都不干，也不是被动的守株待兔。等待是怀揣梦想，不为任何干扰所诱惑，积极做事。等待还是不断激励自己，勇敢地克服各种困难，永葆必胜的勇气和信心，盼望成功的最终到来。

在这个过程中，许多人可能会为困难所吓倒，轻言放弃，或另辟蹊径而选择其他目标。遗憾的是，有些人可能离成功仅有一步之遥，他却与成功擦肩而过。所以，你一定要学会等待。在等待期间，我们要努力做好三件大事：

首先，设法增强自己的动机。想方设法把梦想的实现激活到内心渴望的状态，视之为人生最大的事情或近几年最大的事情。你每天不想它就夜不成寐，甚至生活的一切安排都以它为中心。这种力量越强大，就越能感觉到它的神圣，这样有助于我们树立必胜的勇气和信心。

其次，完备自己的知识。为成就我们的梦想，仅凭一个人的力量还是比较薄弱的，这不仅需要我们学习知识，还要积极借助别人的智慧，充实自己的实力。我们要努力学习两类知识，即专业知识和社会人文知识。专业知识帮助我们解决技术上的问题，人文知识能帮助我们认知人生的意义。我们还要团结一大批有识之士，使自己站在巨人的肩上，尽快积聚自己质变的量变条件。

最后，要有快乐的心态。心态决定成败，我们要健康、快乐、自信、勇敢，要处理好与周围人的关系。不要因为家庭的问题而迷乱了我们的内心，家庭是我们成就事业的大后方，也是我们生命的根。后方不稳就会动摇战场将士的军心。心情不好会影响我们整个人，其中最大的受害者是自己的事业和健康。

世界是变化的，变化需要一个过程，也就是由量变到质变的过程。我们无论追求事业的成功，还是家庭的幸福，其实质就是量变到一定程度上产生的质变。因此，我们期望成功，必须先努力做事，要学会在成功到来之前慢慢等待。人的目标越大，需要我们静心等待的时间就越长。

等待是一种心态，更是一种人生境界。

学会等待吧，心怀梦想的人！

学会等待吧，人生旅途中正在为某个使命奋斗的人！

学会等待吧，那些追求辉煌目标而一时受阻的人！

要有自己独立的判断

为了做好一件事，我们常常要做计划，以在规定的时间内完成。在人生的某个时段，我们有很多事情要做，但总感觉时间不够。为了有效地利用时间，我们通常把许多事放在一起去做。如果彼此间没有关联，那就一件做完再做另一件，有时在做某件事时把另一件也提前做了，比如说提前预订返程的车票。然而，如果某个环节出了问题，就会像多米诺骨牌一样，后面的事也不得不往后推，甚至不得不取消某些事。

一件事、一个计划的顺利完成或实施，需要天时、地利、人和。不过，我们经常遭遇意外的事件，比如火车晚点、飞机晚点等。然而，对我们影响最大的是能否坚守自己的计划，不受外界的影响。

在中国做事情赶早不赶晚。因为中国人多，各种资源十分有限，如果按着常人的思维而不提前考虑，我们极有可能失去某些机会，弄得不得不从头

世界太丰富了，我们要不忘初心，在各种纷扰中，要有自己独立的思想。

再来，甚至付出更大的财力和精力。比如原计划一出站要先预订返程的车票，由于很高兴和朋友的相逢，希望先去吃饭，想着订票不紧张，而明天你又要和他去远行。不巧的是，由于多年没见面，高兴过后，你竟忘了订票的事，等完成明天游玩的活动，发现根本订不上当天甚至第二天的票。你很无奈，不得不把行程推后。更不好的是，原计划第二天与别人的约定也因你无法赶到而取消……

若是按照计划一到车站先预订票，那你可以安心地做各种的事情，一切行程计划完全在自己的掌控之中。不用说，这次旅行一定是收获颇丰，最后也是心情舒畅地结束旅行。然而，因为没订车票，就会出现一连串令人始料不及的问题，这让你焦虑、自责，你不得不花更多的时间去做未做完的事，还需化解后悔、自责的心情。

每个人都有不同的计划和安排，然而你的朋友却是无法了解的，他不可能站在你的角度去考虑。朋友热情好客，约你吃饭、聊天、叙旧。而你不要因朋友的热情而丧失了自己独立的判断。不然的话，等过了一两天，就可能真的就没票可买了，你的命运也会悄悄地发生着一连串不好的变化。失去独立的判断，可能就是头脑一时出现的恍惚状态，仿佛意识受到了催眠，使大脑出现暂时的空白，也就是我们没有了自我的判断，结果本该解决的问题却遭到悬置、搁浅或遗忘。生命似乎在这里死亡了，这可能是一个人生的盲点，人们经常会遭遇这样的走神或意识恍惚。待我们意识到的时候，才发觉事随境迁，当时做事优裕的条件已荡然无存，我们处在被动之中，尤其接二连三的被动，它让我们失去了按照计划行事的能力，只能跟着感觉走。这个人生的盲点引发的负面效应一个接一个，将侵蚀我们生活的方方面面。如果是人生中的大事，很有可能因某个盲点而改变了初衷，结果走了一条违心的路。更严重的是，可能因某时某刻的一念之差而违法入狱，这可是会让我们终生追悔莫及的。为此，我们将不得不面对一失足成千古恨的惨境。

回首漫长的一生，我们可能或多或少遭遇类似的事，那么为了避免这种事的发生，无论大小事，我们都应该有计划，而且内心一定要坚守。即使遇到各种变动，我们也要不忘初心，坚守自己的计划。对待别人的帮助、建议，不要受情绪、气氛、面子的控制，应冷静地想想他们的建议是否站在我们的角度，考虑是否为我们长远的人生负责，然后再决定是否认同和采纳。

如果人生是一次独立的旅行，按照计划做事，即使有意外发生，我们也不会后悔，因为我们人生的方向和目标没有变。能够独立坚守自己的判断是自我能力的表现，也是自我存在价值的体现。独立是我们自我意志自由的基础，所以无论如何，独立的判断都是我们人生应该坚守的一道内心防线。

只要想，不可能的事也会有可能

"只要想，不可能的事也会变成可能的事。"这是校长在学校科技奖励大会上的讲话，目的是激励大家努力去申报课题。我认为人生的道理也是这样的，从我申报课题到获批的经历足以证实这句话。

博士毕业后不久，我申报国家社科基金，由于决心不大，头两次是指导学生去做。可能是学生不上心，我也疏于管理，申报表格上有许多基本的文字和常识差错。不用说，一一败北。第三次是我迫于压力而亲自做的，写完后又向三个人求教。其中，两个人的意见都很中肯，我都认真地一一修改。即使刚打印好，当又有新的想法时，我也重新修改，绝不凑合。

翻越了川藏 317 国道海拔 6168 米的雀儿山，我自己夸自己，只要想，不可能的事也会有可能……

临到最后，我还再一次把题目改为一个更具

体的表述。可以说，我一直把这项工作放在心上，想了我能想的办法，努力做了我可以做的一切事情。一句话，我尽力了。

真是功夫不负有心人，结果我申报的课题获批了。当时听到这个消息我还不敢相信，毕竟这是国家级啊！据说，我院几年都没有获批国家社科基金的立项。事实证明，如果没有前面两次梦想的放飞，就没有第三次那么强烈的向往，更没有后来我主动寻找外界的帮助，那么根本不可能有"不可能的事变成了现实"这一梦想成真的时刻。

如果一开始惧怕，就不会有多番的努力，也就没有今天的成功。也就是，一个人有多大的心，就能成就多大的事；有不同的梦想，就有不同的结果。这真是应验了校长说的话。这句话看似简单，可能蕴含着他从一个一般教员一步步升迁为校长的人生总结。

生活中，我们都会面临很多的事情，据常规的想法，我们根本不可能办成，自己也没信心。面对这样的人生窘境，我们要打消自己的顾虑，放下旧有的想法，努力去尝试一下，说不定事情就会有转机。我申报课题的经历恰巧诠释了校长的这句话："只要想，不可能的事也会变成可能的事。"牢记这句话，人生就会获得信心和力量。

人生就是这样，许多不可能的事变成现实，可能的事却变成不可能。有一句话正好阐述这个道理：人间正道是沧桑。若用哲学的话来说，就是世界是矛盾的，矛盾又是变化的。有一首歌的歌词写得好"山不转，水在转；水不转，人在转。"世界上任何事物都在流转中，变化是世界永恒的主题。对于不可能的事，只要你想去改变它，就有许多理由让它改变。更重要的是，你会争取许多新的措施和支持，促使事物变化。如果不可能的事，当你从内心也接受它不可能时，那就会因循守旧，不祈求它的变化，当然根本也不会积极改变它得以存在的环境，毋庸置疑，那它肯定也不会有任何变化了。即使是有可能的成功，如果你不相信它会变化，你就不会努力去改变它，那它真的也就没有获得应有的成功的机会。这些道理都说明，若我们的思想僵化，心早已死矣，生活也不会出现任何奇迹。

从古至今，许多重大的发明和创造，一开始也都是受到习惯势力的阻止，认为这些惊天举动是不可能的，甚至是异想天开的。然而，正是有一些时代的伟人，他们怀着强烈的梦想，不畏艰难险阻，冲破各种困难，终于完成了这些发明和创造。他们推动了人类社会文明的进步，也因其卓越的成绩而成为划时代的巨人，从此名垂青史，万古流芳。

一个人没有梦想，生命便失去存在的价值；一个民族若失去梦想，就没有了创新和发展，也必将走向没落和灭亡。无论对个人还是对民族，只要想，不可能的事也会变成可能的事。

自助天助

相信自己能成功就等于成功了一半。如果努力去做，困难就会越来越少，似乎真有人帮助一般。我非常认同这个说法。我的人生发展，也是这个道理的真实写照。远的不说，自从上中学以后，许多事都是由自己做主。关于生涯规划、工作调动乃至结婚生子，都充分体现了我的意志。我知道家庭的经济拮据，我也有点愚笨、自卑，但是父母经常告诉我，家财万贯不如一技傍身。我知道这是勤能补拙的道理，

这位驴友独自骑车从河南到西藏。他说他走了新藏线、青藏线和川藏线。我对这位中学老师肃然起敬。

他们是在鼓励我刻苦学习。最让我触动的是，中学毕业我曾应征参军而落选。记得落选的那几天，我郁郁寡欢，晚上躺在床上暗自流泪。我当时别无选择，决定背水一战，去走最难的路——考大学。这无奈甚至揪心的窘境激发了我的潜能，一种心底自我拯救的神圣力量潜生暗长，我尽最大的努力去挑战。

令人惊奇的是，当我铁下心来考大学时，每次的努力付出就会有学习上的小进步。可以想象，每次成功的意外到来，都会令我兴奋不已，内心涌动一股强大的力量。更重要的是，这些亲身经历经常会让我独处时想前思后，慢慢地悟出："只要我努力去奋斗了，总会有进步，说不定是意想不到的成功。"这种信念的建立及激励陪伴我实现了梦想——考上了大学。这真是相信自己行，结果就一定行。为什么有这般神奇的效果呢？这是因为哪怕是百分之一成功的可能性，当毅然追求这不太可能的目标时，我们会因关注、了解、尝试而又可能获得以前未曾想到的许多方法，也会发现有许多你根本没利用的资源。为此，我们有了新的思路、新的力量。正是由于我们不懈努力，困难渐渐减少，一步步接近成功，人也变得更加自信，我们由此而进入一个良性的循环。也就是说，因你的强烈意愿促使自己改变而引发环境的变化，最终向好的方面转化。不用说，达到目标的概率也会增加到百分之八九十，终于让先前不可能的事，在自己的努力下转化为可能的事。

无论遇到什么事，只要我们自己百折不挠，困难就会越来越少，好似赢得贵人的相助。这是一种神奇的力量，它来源于我们内心，这就是人们通常说的"自助天助"。所以，无论在什么情况下，只要不放弃，坚持不抛弃，矛盾就会朝向有利于我们的方面转化，要不了多久，成功就指日可待了。

第十一章　做自己

在传统观念中，从小我们就要做一个好孩子。于是，为了这个光环，我们忽视了自己的需要和个性。在年复一年的岁月中，我们发现：得到的越多反而越不开心。

为什么，我们会如此困惑?

因为我们迷失了自己，内在的自我被压抑在超我的底层。我们得到的是别人给的，可能并非是内心所需要的。

人本主义大师罗杰斯认为，活出自己是快乐的。我们都要做回真正的自己。只有每个人都活出了真正的自己，才会在有限的生命中绽放自己的光彩。

思考的力量

人需要独处，把注意集中于内心，想想过去、现在，以及未来。人只有摆脱纷扰的外界喧闹，才能使用内部言语思考，总结自己的过失，筹划自己的未来。人在这种反思中才能显示出理性的力量，不仅能领悟人生的启迪，还表现出对自己的控制力。如果经常这样思

这是一位案主画的自画像，他把自己画成牛。这不是一般的自画像，背后一定有故事，他把理性化的东西具体化了，真牛!

索，人就会慢慢成熟，也能增强对自己的控制力。

这就是独处的魅力，也是慎独的外显行为，更重要的是它搭建了进行内外交流的一个思想平台，我们由此能对内心触动的事进行全方位的认识与体验，然后获得重要的领悟，这是用心思考的结果，它将会成为我们人生的宝贵经验。思考不仅解开思想的结，还益于我们的身心。因为思考的时候，我们就没有无聊、烦躁，反而是有了内心的守望与坚持。无疑，思考会让我们内心充实，人生有目标，生活有意义。

如果再拿起笔记录下去，这会帮助我们一个接一个地思考问题。如果再能认真地写出来的话，它还会促使我们更清晰、更全面地思考，有助于形成我们整合的人生观。更让人欣慰的是，凡是写下来的东西就会融化为我们的血肉，成为智慧的一部分，从此生命会更加有力量。

这就是自己的思考，也是自我意志的力量。

人的智慧从思考中来，有自己的思考表明我们自己还活着。

读读书

我喜欢读书，不知什么时候开始的，细细回忆，大约是小学时吧！

由于喜欢读书，所以知道了很多书上的道理。我不仅努力读学校的课本，还喜欢阅读课外的故事书。读书为我打开一扇认识世界的窗口，有趣的故事陪伴我从小学、中学到大学。

每个人都有儿时难忘的经历，它是我们难以割舍的情感。我喜欢读书，书是我的精神家园。

大学时读的书真让我开了眼，许多内容至今还记得。我认为，那个时候所读过的书都在我的内心留下了很深的记忆，这些都是我人生的宝贵财富。我相信心理学上有关遗忘的干扰说，它认为我们经历的事、读过的书，都会在头脑中留下痕迹，之所以想不起来，是由于外在的其他干扰。如果触景生情，这些尘封的记忆都会被唤醒、还原、走出来，并影响我们的生活。在生活中，我们不经意间会经常想到过去，甚至久远的一件事。如果寻着这个线索，就会扯出一连串的故事。正如认知心理学认为，我们头脑是以层次网络模型贮存知识和经验的。虽然后来读了硕士、博士，但是本科时读的书还是印象最深。

大学的四年塑造了我爱读书的形象，以至与陌生人见面，他们都会说我像个读书人，不是教师，就是做研究、编辑的。我也认为自己做事很专注、认真、严谨，凡事必须搞明白才能放下；与人相处时，我真诚、守信用，也总会站在别人的角度替对方着想，绝少圆滑与灵活。大学时读书是用心的，书中人性的真、善、美也纳入我的人生价值观念中。读书也陶冶了我的性情，由于读书，我平静的外表蕴藏着激情的心，经常为寻常百姓的大爱大善行为拍案叫绝！我想，这大凡就是我的人格吧，也可能是读书人的人格体现吧！这也是心理学认为的不同的生活或职业环境会形成不同的富有特色的人格。

为了生计和更好地生存，我迁徙到南方，努力考取博士。远离家乡的我又一次踏上熟悉又陌生的路，这是一条科学研究的路。攻读完博士后，读书的劲头不减，我又进入南开大学的社会学流动站。这六年的日子几乎天天离不开书，读书、撰写论文成了我生命中的头等大事。因为获得博士学位需要写论文、流动站出站需要写论文、评职称还需要写论文，可以说，这几年几乎都是泡在论文里，由于每个环节对论文的要求以及产生的压力，让我只关注专业书籍和期刊，没有片刻闲情去阅读人文方面的书。更重要的是，对社会流行、时髦的文化也知之甚少。可以说，这个时期的读书、写作极具工具性，它背离了读书的精神，人的情性得不到陶冶和愉悦。所以，自从评上教授，好长一段时间，我对读书和写作产生了倦怠。让人意想不到的是，由于心灵没有获得思想和知识的滋养，我的思考也开始退化。

我处于人生的困惑期……

偶然一次旅行，我翻阅旅游手头的《读者文摘》，某些人生感悟的文章一下触动我，这使我重新审视人生及人生的意义，叩问我存在的价值和未来的生存方式。

实际上，当时的困惑主要是我在寻找内心的我，也就是寻找内心的需求、梦想。这是一个寻找"我从哪里来又到哪里去"的哲学问题，也是一个认识自我、追求真我、超越自我的心理成长话题。我终于静下来，反思与冥想，用心体悟与写作。这是一次思想的苦旅，就在新旧年交替之际，我找到了内心的那个小孩。

……

虽然以后的生活依然是读书、研究、教书和写书，然而我读书的内容不应仅限于教学和研究，还涉及人生意义方面、人文方面的书。与这些智者在书上交流，我不孤独，有它的滋养，我感到人生有意义。虽然我的兴趣是研究和写作，研究是我存在的价值，也是立身之本，然而探索自己感兴趣的人生问题，并从专业的角度进行系统规范的写作，则是我生命的精神家园。可以说，人文与专业似人行走的两条腿，要想生活得幸福，两个方面一个都不能少。我以前接受那么多教育，尤其是系统的专业训练，我的生活风格已赋予人生这神圣的使命，我的禀赋和天性也规划了我的生命轨迹，为此我不能留下遗憾而轻易地走完这一生。我要做个有灵魂的读书人，我要过一个有激情、有诗和远方的人生。我以后的工作是好好教书，我要多读人文和专业方面的书，既丰富自己的人文情怀，又提升自己的专业能力。我要努力在传播专业知识的同时，帮助青年人珍爱生命，做一个有责任感、有爱心的人，快乐地度过每一天。我希望他们积极向上地生活，做有益于社会、他人的事，更希望他们乐观的心态影响周围的人。

我读这么多书，花费了不少钱，不管是花谁的钱，都是社会培养教育了我，我要回馈社会，奉献爱心。

我以后还要写书，一定要写，这既是自我价值的体现，也是更好地奉献社会。

我从小想当作家的梦也因此而如愿以偿，对少年的我画上一个圆梦的句号，也是对那些在我成长过程中，曾对我的文笔褒奖过的人一种明确、肯定的认同，这也是今生今世一定要践行的与自己的约定。

人生是一本书，我是一个平凡的人，但一定要写出一个不平凡的故事。我想即使我离开这个世界了，也一定会有个爱读书的人读到我写的书。

读书的感觉

饥饿的人，吃大餐时一定感觉很快乐。吸烟的人酒足饭饱，点支烟，吸几口，那真是一种别人难以想象的享受。我不吸烟，看到他们过烟瘾的神情，能体会到那是一种彻骨的舒服。正如人常说：饭后一支烟，赛过活神仙。可以想象，吸烟的那份惬意和陶醉让局外人羡慕不已。

读书是与作者心灵的交流。如果能读到入"禅"的境界，那更是一种幸福和享受。

对我来说，这种体验发生在读书与写作中。若寻觅并重温内心这种莫名的快乐，头脑一定萦绕这样的场景：

在北方寒冷的冬季，围着烧水的火炉，听着哧哧水声，闻着翻腾缭绕的水汽，我打开书，步入描绘的故事里，或摊开一页纸，信笔写写内心想说的话。每每在这个时刻，我的身心都会融入文字的世界中，在内心的世界自由翱翔。

此刻，屋内很静，我似乎入迷了，感觉不到身外是否有异样的杂音。我很专注内心，能感觉到自己的心跳，甚至呼吸。我知道自己进入了一种超然的世界，内心的那个我，也就是平时很少唤醒的那个我，弥散在我全身。我忽然没有了自己，我的一切都全然交付与她。她带领我徜徉在书中遥远的世界。如果是部小说，我就是故事里的一员，虽然时刻参与他们的生活中，但他们没感觉到我的存在。我好像隐形人，在他们之间穿梭往来，甚至进入他们每个人的内心，体会他们的悲欢离合。我能看到他们内心的忧郁，能闻到他们饭菜的鲜香。我真像一个飞翔的精灵，已感觉不到自己的躯体，我激活的精神驰骋飞扬，穿越于时空之间。

如果是写作，我文思泉涌，下笔如有神，根本没有往常说话时的艰涩，也没有边说边想，要顾及别人感受的担忧。我没有了现实中的自我，内在的自我异常活跃，思想观念也似乎被激活，它接连不断地从四方涌动出来。我没有了遣词造句的推敲，也没有了构思篇章结构的思前顾后。我只有一种冲动，想要发泄出来，心里的话禁不住要说出来。手中的笔仿佛脱缰的野马，刹不住要奔跑。我此刻的内心，不知道要到哪里去，只感觉痛快，浑身通透的舒畅。我真是活在自己的世界里，那是内在的我与外在我的交流。它没有任何障碍，只是想要把想说出的话说出来就行。如果是表演，我可能会忘记了周围是否有观众，浑然沉浸在我的世界里……

这是一种忘我的境界，我与外界融为一体。

在享受这种体验的时候，一行行的文字不停地呈现在纸上，它在字里行间，流淌着我意志的力量，也洋溢着内心的欢乐。

心里装载的这般快乐及享受，只有自己能真切地感受到。我真希望这一刻成为永恒，让我凝固在漫长的文字旅行中。

……

这些美好的回忆和感受陪伴我走过了四十多年，从读大学、做研究生到撰写博士论文……如果心灵是有家的话，那书就是我的精神家园。无论如何，我这辈子注定与读书、写作为生了，我属于它，它属于我，生生相伴，难以分离。

每个人的生命是有源头的，当走过曲曲折折的生命轨迹，我们最后一步步迈向生命的终结。如果了解自我的各种需要，学会放下不属于自己的事物，我们的内心顷刻间就没有了困惑与不安，也能获得入"禅"的安然。更重要的是，不忘初心，回归生命的源头，领悟整体的自我，这是我们幸福人生的永恒和归宿。

每个人不知道在什么时候能找到真正的目标，我认为它一定是你喜欢做的，你只要一见到它就内心愉悦，能全身心投入做这个活动时而忘了一切，甚至可以达到废寝忘食的境地。如果一天不接触它，就会感觉内心缺少什么而不舒服。当作这件事时，我们不会考虑到任务、约束、社会声望，也不会把它作为自己成名的手段。它是我们心中的故乡，也是生命的归处。找到它真的不容易，有的人可能付出终生的精力。这是一条并不容易的寻根的路，我既然找回来就不能丢，我要经常擦拭它，把它放在床边，带在身上，放在心里。

踏上回家的路吧！不管我身在旅途，还是客在他乡，心中的家园始终是我生命的忠实陪伴。

回家，回家，那是生命的召唤，那是心底的守望。

年龄不算啥

年龄承载着我们经历过的岁月，它是判定你是否成熟以及衰老的重要参数。心理学把年龄分为生理年龄和心理年龄，大部分人这两个年龄是一致的。但对某些人，可能差别会更大。

一般认为，注重表演或体育竞技的人对其生理年龄总是不遗余力地延缓它的衰老，他们通过药物、运动、膳食等调理，让其得显年轻并充满活力，因为这是吃"青春饭"的行业。现在许多家境好的人过着养尊处优的日子，他们的下一代很少独立生活，所以他们的心理年龄往往比同龄人小。

左一70岁，驾车去西藏；中间的45岁，独自骑车去西藏。右一53岁，驾车去西藏。他们成功进藏，说明年龄不算啥。

即使已经长大成人，但由于父母都为他们准备好了一切，他们缺少人生的历练，所以他们都不具备与其年龄相符的社会所期待的"成熟"特征。与之相反，人生的经历会让一个人的心理提前成熟。比如，过早进入社会独立生活的人，就容易得到生活的磨炼而过早成熟。为此，我们常说：穷人的孩子早当家。

年龄既然对我们意味着有这般丰富的内涵，所以在我们进入社会时，无论是看待别人，还是对自己进行生涯规划，都要慎重对待"年龄"，不要把"年龄"作为选择的关键因素。因为年龄不算啥，我们的心理年龄、我们真实的生理年龄，这些年龄都是我们不能忘却的，是需要认真区别和对待的，要具体问题具体分析。为此，我们不能倚老卖老，要注重工作的绩效，崇尚才能面前人人平等，尤其要为年轻人的发展主动让贤，积极鼓励年轻人脱颖而出，表现出甘当人梯的大爱。

既然年龄不算啥，我们就不要有"人老了，什么都不行了"的老旧观点。现代心理学指出：人的衰老并非人的身心都普遍衰老。人的身心各种机能的衰老速度是不一样的，有些能力可能还会增长。所以，老年人不要因为年龄大而故步自封，不愿学习新知识，或因循守旧而不愿探索新问题，进而丧失一切创造的机会。实际上，许多年轻人不能做的事，年老的人做得可能更好，就好像为什么我们喜欢老中医、老思想家、老艺术家、老政治家。

年龄不算啥，给我们的启示并非年龄方面，生活的其他方面也是如此。如果你把自己算个啥，那是太高估自己了，结果会加大别人和自己之间的距离，容易滋生傲慢与歧视。要不了多久，你就会成为孤家寡人，甚至从云端坠入地底。如果身居高位，却把自己放得很低，不把自己当个啥，反而会赢得大家的一致拥戴，大家心目中的确把你"当个啥"。工作中，若你追求完美，把工作算个啥，过分认真，这无形中会增加你的压力，不仅降低你对生活的热情，让你对职业产生倦怠，甚至极易出现差错而造成人为的事故。因此，人生中的任何事，我们还是既重视但也要藐视，也就是为所当为。心理学认为，在复杂的工作任务中，中等强度的动机最好。

当遭遇生活挫折，如果你把失败看得过重，也就是"算个啥"的话，那你可能一蹶不振，永远失去了自我发展与超越的机会。如果认为挫折与困难"不算啥"的话，你会积极总结经验，以乐观的心态迎难而上，才有可能再创辉煌，续写人生的传奇。哲学告诉我们：世界是矛盾的，矛盾又是对立和发展的。"算个啥"是对事物性质的绝对肯定，让人摆脱不了既定的窠臼，表现为失去改变的勇气、因循守旧的消极等待，这些都是固化既有的状态，以人为的因素阻止事物的变化。"不算啥"有肯定算啥的成分，但不为其束缚手脚。无疑，"不算啥"反映的是变化观，是认同事物矛盾的变化与发展。

不可否认，"年龄不算啥"竟蕴含这般深刻的哲理。人的潜力是无穷的，我们为何把自己的不幸看得那么重呢？事物是变化的，为何把自己的优势看得那么"算个啥"呢？如果我们活得达观、自然、淡泊一些，那不是更好吗？年龄不算啥，这不仅是一个简单的生活哲理，也是一种生活态度和境界。

面对生活中的任何遭遇，我们都可淡然一笑："不算啥！"

年龄不算啥，时间不算啥，成绩不算啥，挫折不算啥……

改变孩子不如改变自己

父母都有望子成龙、望女成凤的心理，他们总是按照自己的想法去塑造孩子，希望寄托自己此生未了的心愿。不用说，家长可能认为孩子是属于自己的，可以随意改变以满足自己的喜好。也许，孩子小的时候，他们是可塑的，极易按父母设想的方向发展。然而，实际的情况可能要比人们设想的要复杂得多。

如果是思想观念和行为习惯，父母真的可以影响和控制孩子。因为孩子越小越依恋

每个人的思想观念不同，改变别人不如改变自己。

父母，加之他们生活在仅有父母的相对比较封闭的环境中，孩子从父母那里得到要求，又从父母那里得到验证，他们没有怀疑和反叛，只有认同和接纳。无疑，听话的乖孩子不仅从父母那里得到爱与安全感，也从父母所期望行为方式的奖励中获得愉悦。久而久之，父母的要求就落实在孩子的行为上，也逐步内化为孩子的人格，可能会成为孩子稳定的行为。

然而，如果是能力方面的培养，父母是很难决定孩子发展的，孩子的表现可能会使父母产生失望的情绪。心理学认为，不同的孩子禀赋不同，有些擅长艺术，有些擅长数学，有些擅长社交。对一个喜欢运动的孩子，若训练他学习绘画或弹琴，也就是逼着孩子学他没有兴趣的事，做他没有天赋而感到很吃力的事，那真是一场旷日持久的战争。这的确会引发双方的冲突与痛苦，伤害亲子关系。

凡是违背孩子天性的塑造，其结果往往都适得其反。不仅教育过程充满冲突和争吵，而且可能扭曲孩子的身心。这种只考虑教育者的主观愿望而忽视了受教育者秉性的做法，违背了教育学上因材施教的原则，这方面的问题在孩子的学业成绩方面表现得尤为突出。

自从孩子上了学，父母都期望孩子的学业成绩始终在班级内保持领先的地位。说真的，面临着学业成绩上的竞争，父母的这个期望其实很难达到，这是因为有些孩子喜欢学习，愿意追求优异的学业成绩，但是有些孩子厌倦单调重复的学习，他们喜欢在其他活动中一显身手。不管父母如何发脾气、说教，孩子学习的动力就是不足，努力的程度及结果总不能让父母满足。父母过高的期待以及不厌其烦的说教，易引起孩子的焦虑、烦躁，甚至逆反。针对这种状况，与其期待孩子成绩的领先，不如要求孩子有个好的学习习惯。这可能是最现实，也可能是最有效的方法。因为成绩是否领先，影响的因素太多了，孩子也很难控制。然而，他的良好学习习惯却是可培养和教育的。只要有了良好习惯和学业上的追求，孩子就能发挥了自己学习的潜力，至于学业成绩的提高那就是指日可待的事情了。这其实也是因材施教，只要孩子努力发挥学习上的潜力，不必过分关注他学业成绩的高低，不要期望孩子在学业成绩上的领先，毕竟孩子在学习上的潜力是不同的。

如果孩子到了青春期，有了明确的自我意识，什么事都要有自己独立的判断和主张，那么父母对孩子的期望一定要被他认可和接纳，否则对孩子没有一点积极的作用。因为这个时期的孩子有他自己崇拜的人物和价值判断标准，他们很喜欢与父母成为地位平等、没有说教、彼此尊重的朋友。只有父母尊重孩子的意愿，孩子才可以敞开心扉，自由地表达他们内心的喜怒哀乐，也让父母走进自己的内心，接纳父母的某些价值观和思想。所以，要想改变青少年时期孩子的习惯，父母应先要承认孩子的独立性，主动改变自己的沟通方式。父母改变了自己，实际上也改变了孩子生活的家庭环境。环境的变化也必然会影响环境中的人的变化，这就是哲学上的一个基本命题——物质决定意识。

中国有句古话：己所不欲，勿施于人。要求别人做的我们应该首先做到，也就是说要想改变孩子，最好的方式是先改变自己。毕竟，父母的行为是孩子观察学习的榜样，父母做的比说的更重要。说教仅仅影响了孩子的听觉器官，而父母的行为则是影响孩子的视觉、听觉、动觉乃至触觉。可以说，身教是多方面的刺激信息影响着孩子，是对孩子的一种亲历教育。实际上，不仅对孩子，对任何人，只要我们想改变他们的思想和行为，最好的方式就是我们先改变自己，用我们行为的变化去影响、感化其他人。何况我们有改变自我的主动权，因此改变别人不如改变自己。

写自己的故事

从小到大，我们的目标是做个乖孩子。为此，我们会仔细揣摩大人们的心思与喜好，一切表现只为讨他们

年少时，我们都在写别人心目中的自己，现在我们要写心目中自己的故事。

的夸奖。如果没有得到关注，我们就会感到失落，可能也因此改变了原来的生活目标。似乎我们的生命就这样消磨在没有独立意志的迷茫中。在平凡的生活中，除了自己的名字外，我们真不知道自己是谁。言谈举止都尽可能吸引别人的眼球和同辈的喝彩，他们的评价主宰了我们的表现。我们是活在别人的议论中，是"无我"的，与别人的生命毫无二致。

从懂事到四十来岁，我们可能一直活在别人的眼里，活在社会的"设计"中。按照社会约定俗成的声望、身份与地位，我们忍受自己所有的委屈，不断地削足适履，努力获得社会期待的成就感。然而，当一个人，尤其在晚上宽衣就寝时，我们才感觉活出真我最好。如果人生是写的故事，以前我们都是写别人眼中自己的故事。从"应该"到"应该"，太多的理性充斥在我们所写的故事里。虽然我们养成了隐忍，也就是所谓"成熟"的个性，可是生命里却没有自己的声音。

当进人不惑之年，我们才发现正走在人生的转折点上。往前看，有新生命的诞生，他们在成长，忙于打拼事业，忙于结婚生子；往后看，父母开始进入暮年，有的已经离开人世。站在这样的人生交汇点，我们可以完整地目睹生命的历程，它让我们重新思索生命的意义。这是我们第一次借用自我的力量，认真地认识人生，思考今后该如何度过这一生，这关系到弥留之际我们离开那一刻神圣的告别。说真的，我们不想那时有丝毫的"后悔"，更不愿体验无奈与绝望。

为什么会后悔呢？那是因为有许多想做的事没有做。当人生到了什么都不怕、什么也都可以放下的年龄，我们唯独害怕的是面对挣脱出来的凤愿。它虽然已宣告自己的心声和价值，但遗憾的是我们心有余而力不足，想做却无回天之力。这可能就是我们无奈与绝望的原因。

为了避免后悔与无奈，四十多岁以后我们要做自己想做的事，写自己的故事。为此，我们应该珍惜时光，积蓄力量，让郁积多年的自我冲动尽情释放。无论成功与失败，对我们来说都不重要，令人欣慰的是我们做了喜欢做的事，抚慰了自己不安的内心，给了凤愿一个响亮的交代。

一个有责任感的人，一定要抓住这个契机，要学会读懂自己是一个什么样的人，有哪些缺点和不足，有哪些童年的梦想，能做什么和适合做什么，应该树立什么样的人生信念，需要放下哪些东西，等等。

在这里，最重要的是要勇敢地解剖自己，认真反思自己的人生经历，必要时读些人文方面的书，最好认真看一部跨越年代的影视剧，然后问自己对哪些喜欢或不喜欢，多问几个为什么，能否从故事中找到触动自己的情节，这些问题都是为了让我们更好地认识自己。

为了更好地认识自己，我们要沉寂一段时间，忍受孤独和寂寞。如果可能，最好把反思与冥想的结果写出来，它能帮助你抚慰自己内心的焦灼，理清萦绕脑海的思绪。你还可以走进社会，广泛结交朋友，以他们作参照，发现自己。如果交上知心朋友，他们会启发我们从不同的视角客观全面地认识自己，帮助我们建立新的自我概念，更有可能引导我们由知其然到知其所以然，去建构我们潜在的社会认知理论，这些都能增进我们对人生和社会的认识，促进人格走向成熟。

我们还可以回到故乡，重温少年时代的自己。如果有可能，触摸家乡的事物，用心感悟乡愁背后的夙愿；访问久违的老同学、少年的伙伴，讲述过去有你的故事，由此我们会明白和了解现在的自己。

经过这些途径，让生命经历凤凰涅槃，在思想的苦苦阵痛中，我们完成思想的蜕变，感悟人生的使命，找回自己遗失在心灵深处的守望。

然后，毫不犹豫铺开一张白纸，从头开始，抓住人生的分分秒秒，写自己的人生故事，完成从生命诞生到今天才领悟到的人生使命。这是我们生命历程早已圈定的轨迹，只有唤醒它，一步步践行它，才算走完自己的人生。

这是多么美好的一瞬，能够含着微笑，在不能走动的夕阳里，给自己人生划上个句号！

做个有魅力的人

我们都喜欢与有魅力的人相处，与他们在一起，不仅增长见识，还能有依靠，做事不用操心。一般认为，有魅力的人一定外表很吸引人，比如女的漂亮、温柔，男的帅气、阳刚。然而，只要走进生活，亲身经历过坎坷，你就一定会认为魅力不是指外表，而是指一个人的内涵。想想看，为什么我们喜欢与某些人往来，想维持永久的亲密关系？究其原因，那就是他们的为人处事能让我们感动，他们的智慧能启发我们领悟人生的很多哲理。可以说，他们是有魅力的人，能引领我们学习到很多做人的道理。

历时一个月，终于从湖南怀化骑车到了西藏。我发现自己是一个勇敢的人，以后再没有什么困难能阻挡我。我给自己点赞。

有魅力的人是既平凡而又让人叹服的。在我近五十岁的人生中，曾邂逅过许多这些平凡的小人物，也常会不经意想起他们带给我的点点滴滴的感动。我经常咀嚼这些珍贵的记忆，逐步领悟这些人的魅力元素。如果你学习这些修为和品行并在生活中用心践行，形成自己的习惯，那你不仅学会了做人，也真正蜕变为一个有魅力的人。

你想成为一个有魅力的人吗？那么，同我一起品味我发现的这些魅力因素吧。

学会乐观，让爽朗的笑声从心里发出。人生苦短，人生不如意十有八九，人生的艰难使人们向往幸福，追逐快乐。如果与一个快乐的人相处，受他生活态度的感染和启迪，我们自己也会发酵快乐。人是趋利避害的，人人都需要快乐，快乐能让我们的生活充满情趣和意义。

要有理想，有人生目标。不管人生处于何种境况，你都要有向往和追求，要矢志不渝地朝向目标奋斗。古人说：淡泊以明志，宁静以致远。有追求的人，一定是志存高远、具有大智慧的人。为此，你要忍受孤独，耐得住寂寞，专注于自己人生的使命。平常人的弱点是受环境影响，容易见异思迁，到头来人生一事无成。可能是补偿的心理，人们特别敬佩那种有理想、埋头做事的人，尤其是有恒心和毅力的人。

与别人相处时，不要轻易指使别人做事。你不要图省心，动不动就求人帮忙，把自己的责任推给别人。要知道权力和责任相伴，没有人愿意只承担责任而不愿享受权力的快乐。要让人感觉与你相处是轻松的而不是累的，更不是想躲开你。自己能做的事尽量自己做，不要欠别人人情，因为求人会让别人为难，又使自己有压力。

懂得感恩，心里要有别人，尽量给他人方便。相遇是缘分，应懂得知遇之恩，对别人的任何帮助要有回应，比如发个短信表达你的感激。共事相处，要学会谦让，从生活起居开始，多为别人着想，别只顾自己的方便，这些细节会温暖别人的心。人们常说：滴水之恩，当涌泉相报。所以，不要吝惜感谢的话，因为感谢的话对受馈的人和你来说，都一样是快乐的。

要有自己独立的思考，做个有智慧的人。智慧是人的才能，才能可以帮助别人走出困境，给别人带来希望。为此，你要多做事、多向别人学习、多读书，以丰富自己的阅历和经验。与人交往的功能之一就是能获得新的知识和经验。在交往中，我们最好大智若愚，虚怀若谷，以保护对方的自尊。要记住，不要咄咄逼人，处处显摆，这容易给人造成威胁，这是人际交往的一大忌讳。人是需要被尊重的，你一定要重视对方的存在，以商量的口气行事。

多说别人的好话，即使对有过节的人，也要大度些。说别人不好，背后议论别人，也会招致别人的诋毁。懂得学会赞扬别人，甚至你内心不喜欢的人，这是一种人生态度和境界。要知道，你说的话迟早会传到对方的耳朵里，他会对你的为人敬佩三分。朋友越多，人生的路越容易走，树敌一个，可能只满足片刻嘴瘾，却会招致连连厄运，让你走不少的弯路。

当然，做个有魅力的人远非只限于做到这些。有魅力的人有一个共同的特点，那就是不断反思自己，努力学习，积极提高自己的修养。我认为具有这种生活志趣的人，迟早会克服自己的不足，成为真正的有魅力的人。

第十二章　丧失

人有生老，树有荣枯。

随着生命的发育、成熟，乃至走向衰亡，我们也会慢慢脱离主流社会，体验到深深的失落。如果人生的得到就意味着失去，那么在我们生命成长的旺盛期，我们一直在获得。因为失去的东西远少于我们生命发展所得到的，所以丧失是微不足道的。

当生命趋于稳定时，每一次重大的人生变故，我们都会体验到丧失。然而，生命的衰老带给我们的是一系列难以抵挡的丧失，甚至会摧毁对生活的热情。

我们时不时地怀旧，也是对往昔的一种怀念，以及尽力唤回的一种重温。

死亡是人生最大的丧失。

直面丧失

佛说：人生苦短。苦中之一就是喜欢的东西离开了我们，所以有一种痛苦叫丧失。在漫长的人生中，这种丧失的痛苦一直伴随着我们。比如，小孩心爱的玩具丢失，依恋母亲的孩子因上幼儿园而与母亲分离。随着我们大了，丧失的东

地震时，人们失去了安全感，拼命地逃生。丧失的痛苦，每个人都会经历。

西也会越来越多，这些东西包括：不能做自己喜欢的活动，好朋友离开，失恋了，离婚了，孩子离家独立生活，身体损伤，退休了，衰老了……

我们想得到某个东西，因为拥有它我们才有价值，也更有尊严。于是，我们不断确定目标，努力去奋斗。当获得了应有的东西时，我们可能觉得已不重要了，因为我们又有了新的目标和追求。这又开启了新的生活，激发我们新的热情。虽然丧失潜生暗长，但是我们并未有丧失感，可能是由于有新的东西很快占领了心灵。

然而，当人生巅峰过后，我们不再有更重要的目标时，你会发现我们所拥有的一切开始丧失。有些是我们主动放弃的，因为精力有限，我们所钟爱的也有限；有些是无奈放弃的，我们已经没有驾驭的主动权了。不言而喻，后一种丧失可能更让人心痛。

吐故纳新，本来就是大千世界的变化规律。一旦有丧失这样的感受，那一定是你的生活发生了变化，人生又开始新的旅途了。所以，你要学会去承受一切丧失，主动安抚自己敏感的情绪，以彻悟的心态主动去放下。然而，一般人是患得患失的，所以，你要辩证地看待得失，主动放弃更凸显你得到的价值，这会让我们更"舒"服。这是古人造字时就悟出的人生道理。只有学会了主动放下，你才会真正拥有新的人生。

如果你有丧失的感受了，那一定是你老了。生命是变化的，年轻人的变化叫成长或成熟；中年人的变化叫成功；老年人的变化就是衰老。只要是生命，就会有衰老，也就是盛年已不再来，所以，我们应学会接纳各种丧失，欣赏年轻人拥有的青春和中年人赢得的辉煌。同时，在有限的生命里去关心自己的梦想，努力去实现它。为此，不要贪恋金钱，要知道只有花在自己身上那才永远属于自己，快乐才是真正无价的。丧失的期限是不约而至的，所以你不要只等待，要有想好就行动的做事风格。岁月无情，但你要对自己有情。

人生还有一种丧失是中年人意识不到的，它会让人唏嘘不已。如果你已是中年，尤其事业如日中天，你可能体会不到潜在的丧失。因为你处在人生一个收获的季节，成功对你有极强的杀伤力。可以说，成功让你利欲熏心，你已成为追逐成功的奴婢。在你获得一个个成功的背后，你可能忽视了对亲人的关爱，其中影响最大的可能就是孩子了。他们是懵懂的青少年，正处在成长的关键期，需要长辈的引导和关注。这个关键期奠定他们未来人生的雏形，缺少父爱或母爱可能导致他们情感缺失，也可能会误入歧途，这些都将是终生难以弥补的。还有可能由于你发愤地工作而透支了身体，待危机信号出现，你可能已经没有补救的机会了。在孤注一掷获取的成功时，你可能怀着侥幸而突破道德与法律底线，正面临正义的审判。中年人面临很多选择，也是社会的中流砥柱，所以对于中年人来说，无论成功的光环再大，也不要忘记慎独，内心多问自己可能会丧失些什么？是不是以后还可以弥补？综合考虑这些人生问题之后，再选择你的人生方向和轨迹。

人的天性是期望美好的东西能永恒，但大千世界的变化规律是一切都将离你而去。人生最大的丧失是死亡，这不可避免地造成人摆脱不了的痛苦，为此人们寻找宗教的安慰，希冀在天国的世界获得永恒。其实，人们还可以阅读书籍，通过与人交流而获得心灵的帮助，以平和的心态去面对死亡。

虽然，丧失是生命的必然，新陈代谢是生命的永恒规律。然而，当经历了丧失后，我们都会从中学会珍惜生命，学会感恩，还会获得心灵的成长。既然生命存在丧失，我们就应该对未来发生的一切有积极的准备，要未雨绸缪，好好活在当下，勇敢地面对人生的各种丧失，接纳与包容人生遭遇的一切，以积极的心态迎接人生的挑战。

人在旅途，我们只不过都是匆匆过客，丧失是跟着我们的影子。生活要往前走，人生要看到"太阳照常升起"。

四十岁的困惑

四十岁是人生最美好的年华，它集身体、智慧、经济与创造为一身，是生命焕发光彩的时期。四十岁以前，我们社会阅历不够，想做大事但缺乏一些积累，我们正处在努力发展的成长期。五十岁后，身心开始进入暮年，我们身体各器官逐步衰老，不仅不愿尝试与学习新东西，而且可能患危及生命的疾病。更为严峻的现实是，他们将面对退休、空巢，以及对死亡的恐惧。

有关研究指出，45岁左右，是人生的"第二个青春期"，人们还将面临如何过好后半生的困惑与抉择；否则，他们将迈入人生的高原期，生活平淡无奇，缺乏激情。

这是在野外工棚的影像。古人曰：四十不惑。这说明四十来岁，人要经历看淡名利和恩怨的思想蜕变。

除非政治家和科学家，一般而言，普通人四十多岁就达到了事业的顶峰，轰轰烈烈发展事业的大势已去，人生的拼搏已开始偃旗息鼓。无论是技艺精湛的专业人才，还是坐拥家财万贯的人，以及仕途晋升无望的人，他们都陷入了未来怎么发展的困惑中。大部分人感觉空虚，不知道以后的人生目标，因为他们奋斗到这个年龄，事业已小有所成，感觉走过的路很艰辛，也想喘口气，不想再像三十多岁那样为生活所迫而拼命打拼。因为身体已开始衰老，渐渐出现眼花、记忆力不好、头发花白，这让他们感觉害怕，感叹人生苦短，努力想留住青年的脚步，越来越关爱自己。然而，由于没有到退休年龄，一旦歇下来，又面临后生可畏，内心隐含无形的

压力，但是他们却又不愿挑灯夜战，感觉已到人生事业的顶头，不可能再有飞黄腾达之日，所以他们常说"还去干什么""成功的可能性多大"等。这些纠结的问题常使他们害怕失败，缩手缩脚，不愿冒风险。

这种情绪如果持续下去，不利于人的身心健康，有些人因空虚、无所事事而沾染酗酒、赌博恶习；有的与旧情人有染，闹出情变，惶惶不可终日；有的唉声叹气，抱怨社会，抑郁；有的过分关注身体，疑病而东补西补，补出毛病；有的网络成瘾……

为避免这些情况的发生，让四十岁的人摆脱心理的衰老，重新焕发人生的活力，努力彰显自己生命的价值，我认为他们应该做好以下几件事：

要读书，不仅是专业工作方面的，更是人文方面的书。人文方面的书能帮助他们认识人生，感悟人生的意义，明白什么是生活。不过，不要像阅读八卦新闻一样，一定要专心读，否则一无所获。读人文方面的书能充实我们的心灵，让自己触及与过去不同的人生，体验"真、善、美"的力量。所以，读书是为了拯救自己的心灵，获得幸福的人生。

要学会凝神静气，倾听内心的呼唤。静气能开启一种神圣的潜能，通过与内心的我对话，打开所有的困惑，消解自己烦恼，它能让你平和、宽容，得到真正的快乐，感悟生命的意义。

用好眼睛和耳朵，还有思考力。任何动物都具有上天赋予的能力，我们是万物之灵，不仅有眼睛和耳朵，上天还赋予了我们最重要的思维能力。人的头脑遵循"用尽废退"的规律，即大脑越用越灵活，思考能延缓大脑退化，让我们更有创造力。

身体好是本钱，保养好身体，做力所能及的事。保持健康的身体，不仅能为家里省下一笔医疗费，还不拖累儿女，让他们把精力用在人生的打拼上。老人不倚老卖老，做力所能及的事。老人自食其力，不仅自己快乐，儿女也幸福。

人格的成长和成熟是终生的事。四十岁的人应花一定的时间，反思自己走过的路，回想谁在人生的紧要关头帮助过你，别忘了，及时表达你对他的感激，比如打个电话、寄份礼物，或亲自探望，这些都是你真心的感恩。如果曾经发生过争执，找个机会和他和解，这会化解尘封的心结，让你人生轻松、快乐，也彰显你人格的魅力。

还可以做些公益事业，陶冶自己的性情，不仅播撒爱心，提升自己的精神境界，而且泽被后世，惠及爱你的人。

如果这样的话，四十岁不困惑，我们才懂得生活。

如果这样的话，四十岁不迷茫，我们的人生刚开始。

如果这样的话，四十岁不消沉，我们的人生正走向辉煌。

五十岁的感想

如果说"人活七十古来稀"，那么五十岁应是步入暮年，享受儿孙满堂的年龄了。然而，在现代社会，五十岁可能还是人生黄金年龄的尾巴。许多伟人的业绩，也都是在这个时期得以辉煌展现。不过，五十岁也是个转折，人的机体开始明显走下坡路，我们应该注重保健和养生，还应该怀着宽容与豁达，淡泊以明志，为夕阳再镀一层美丽的光芒。

五十岁，出门要注意安全。儿童时期，即使跌倒了再爬起来，也是丝毫未损。然而，五十岁就不同了，有些人跌倒了就爬不起来了。即使爬起

患病卧床两个月，让我回首走过的路，让我对五十岁后的人生有了更多思考。

来，也要卧床休息多日。五十岁，生命比以往更脆弱，所以五十岁要有强烈的安全意识。五十岁，应该稳扎稳打，对于陌生的领域及活动，不应该贸然接受挑战。这个年龄的人是输不起也赢不回来，因为他们的生命是有限的，任何意外的闪失，将都会对个人、家庭乃至社会产生不可估量的影响。

五十岁，做事要有节制。欲望是人的天性，做什么事都尽可能追求极致，也就是尽兴。从哲学上来说，任何事物都会物极必反，凡事做到恰到好处才是境界，这适用于任何人。五十岁已经是知天命的年纪。然而，人的认识容易情绪化，会把人推向癫狂的无节制的状态。这种追求尽兴可能会因忘了年龄而做些后悔的事。

五十岁，要达观与平和。五十岁的人经历了人生的沉浮，看惯了名利场的争斗，应该怀有达观与平和的心态。对得到与失去的东西应该抱顺其自然的态度，不要过分计较得失。如只关注对自己有利的一方面，极易患得患失。达观的人能站在一定的高度，全面考虑自己的得与失，即使得到，也能兼顾失去的东西。如果能这样对待人生万象，就会拥有平和的快乐。

五十岁，要养成好的习惯。好的习惯决定好的命运，尤其对五十岁的人来说尤其显得重要。因为五十岁以前，年富力强，容易承受与化解不良习惯对我们的损伤。五十岁后，我们脆弱的身体已经受不了任何伤害和打击。我们一定要珍惜这个机会，养成好的生活习惯，守护好健康的身体和幸福的人生。

五十岁，形成一些绝活和特色。人们常说：长江后浪推前浪，江山代有才人出。新陈代谢是物质运动的规律，但是为守住我们做人的尊严和价值，我们要浓缩自己的经验与优势，精心打造自己的绝活。现代社会不承认倚老卖老，比较看重的是能创造的价值，具有别人不可替代的优势。

五十岁，名声和自己的生命一样重要。五十岁以后的人在人群中的影响力取决于以往的成就。随着年龄的增加，他们积极创造价值的黄金年龄已过，更多的是享受以往的影响与成就，任何的污名事件都会对他们的形象产生致命的打击，影响他生命存在的价值和意义。德高望重是我们一直对长辈的期待，名声就是五十多岁人的生命。

五十岁，为后半生积累财富。按照中国六十岁退休制度，五十岁以后还有十年。孩子结婚、买房，以及以后的养老，这些都是庞大的生活开销。人无远虑，必有近忧。对生命负责的人，都要为自己后半生积累些财富。传统养儿防老的观念只适用小农经济社会，社会养老也不一定靠得上。如果有一定的财富积累，我们就可安享晚年而无任何后顾之忧，所以我们要为后半生积累财富。

五十岁，告别了轰轰烈烈的青壮年，开始步入暮年。知天命，看透人间事是这个年龄的最大特点，他们不幻想、不盲从，也不虚妄。整个人生的喧哗与寂寞、真实与虚伪，像明镜似的在头脑里闪回，这是一个极其成熟的年龄。

五十岁，睿智的年龄，应开启别样的生活：为自己生命寻找最后的归宿，为安享晚年做积极准备，为能把握自己的命运而尽力奋斗。

五十岁以后的生活，我们积极迎接，充分准备，坦然面对。

怀旧

在生命的某个时期，我们常常沉湎于对往昔，尤其是青年期的回忆，这说明你的人生达到了高原期，人生处于相对停滞的状态。这是人生重要的转机，身心趋于稳定，开始走向内心世界，寻觅生命里沉淀的故事。你也可能进入人生创造的高峰期，已有的经验和认识促使你不断地创造。同时，由于这个时期新东西不能进入头脑并留下深的痕迹，所以你开始怀念过去，它异常活跃，仿佛挽住你行将

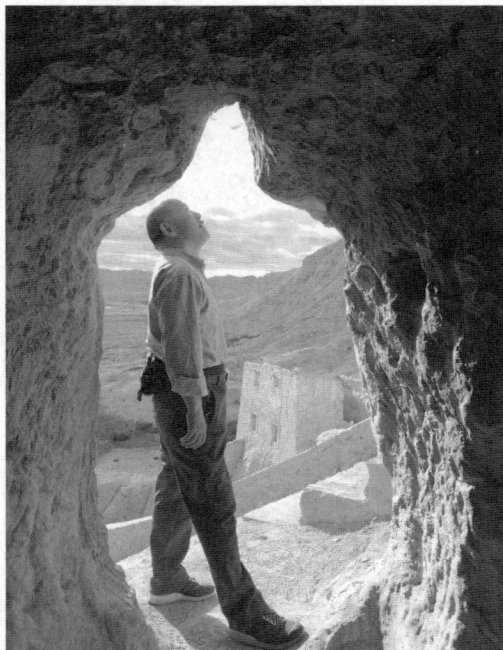

我们寻古探幽，喜欢自己用过的东西，因为往昔的什物充满回忆。

衰老的生命，把早已忘却的童年搅动起来，让你感伤、思念、牵挂，顽强地侵袭你的梦，这就是通常说的怀旧，让你终于品尝到失眠，勾起你浓浓的乡愁。

怀旧大约在四十多岁，尤其是四十五六岁。这个年龄的人事业达到顶峰，父母已进入垂暮之年或过世，尤其孩子已经长大，他们开始独立生活。现在，也就在今天，你不必一天忙到晚，终于可以停下来，拥有时间满足内心的需要，去料理那些曾经觉得没有意义的事。

我认为生命就是一个轮回。小时候是一股劲地盼望长大，喜欢死命地往外跑，完成一个接一个的人生目标，努力建造一个属于自己的小家。四十岁以后，我们却又开始思念故乡，怀念童年的玩伴，这力量真似魂归故里，牵着我们的心回家。这种思念很强烈，我们对那个时代的经历会情有独钟，似乎拉着我们的脚步要找回生命中的家。这些熟悉、几乎印刻在记忆中的场景，能抚慰我们焦灼的心，让我们感受人生的意义，思考我们应该追求的东西。它是我们安身立命的心灵港湾，也是内心情感的家园。我们的生命曾在这里停泊、出航，不管走到哪里，我们一直拥有这份情怀，它能给我们精神上带来安全感。

怀念家乡，思念亲人，梦见童年的伙伴及山川村庄，这种情感随着年龄的增加将越发强烈。这种乡愁陪着我们走进不惑之年，也就幻化为一往情深的怀旧。我们不愿丢掉这散发着泥土味和生动记忆的家园，所以，一回到家乡，我们的身心都会彻底放松，也会卸下肩上的负担。当告别父母，背着行囊外出走世界时，妈妈总会叮嘱"外面不好做事，没办法时回家来"。你已记下这话，即使出外谋生，终有一天你还是要会回来的。

在外创业成家的人，晚年时总想告老还乡，落叶归根，颐养天年。没有这种条件的，也很想回家看看，见见熟悉的人，走走小时候走过的路，重温爬过的山，也想吃家乡味的饭。这想法很强烈、很执着，好似家乡有股神奇的力量召唤着在外谋生的人。这种怀旧的浓浓乡愁具有神圣的力量，让你敬畏，更让你把生命的终结安放在她的怀抱。很多原始民族外出迁徙都要带上故乡的泥土，不仅供奉在远行的驻地，而且临死的时候也是希望安葬在故土。如果万般无奈，只能就地安葬，但头一定朝向家乡，身上也撒些故乡的泥土。家乡是保护神，保护外出谋生的人，即使客死他乡，回到家乡的魂也会受保护而安然长眠。

从心理学视角看待怀旧，它们都是让我们从生命的起点纵览生命的历程，我们权衡恩怨和得失，获得自我的整合，实现自我的认同，促进生命的成长。

家乡，是我们的精神家园，也是点燃人生激情的地方。当我们人生失意、迷失方向时，只要回到故乡，行走在熟悉的山水间，逗留在发旧的土屋里，我们往往就会获得神启般的觉悟和力量，从内心感受到需要去做什么。不可否认，有时回家的冲动是那么坚决、果断，任何艰难险阻也都不能阻止你一颗执着回归的心。

怀旧是我们内心抹不掉的一股力量，它博大深厚，流淌在我们生命的记忆长河中。一旦你从家乡中获得了滋养，就会激发自己的爱心、耐心、勇气以及责任心。无疑，这些都决定你成就多大的事业。

落叶不是无情物，化作春泥更护花。怀旧是我们生命的反刍，给生命一次获取能量的休憩机会，也给心灵提供一次自我修复、自我提升的契机。

怀旧是我们心灵回归故乡的方式，当打开乡愁这扇窗，怀旧就让我们获得神圣的庇护。有了这样精神的归属，不管在哪里，我们就有永恒的生命。

念旧的三个阶段

四十岁这个年龄段的人特别念旧，他们珍视往昔的一切，热衷于探讨自己从哪里来。念旧是一种生命似停滞的情感，有怀旧、续旧和叙旧三个阶段。

生命是一条长长的链条。随着岁月的流逝，往昔的回忆越发弥足珍贵。

怀旧多发生四十来岁，怀旧的人喜欢想念过去，怀念生命中留下的那些事和人。在内心深处，那些人的音容笑貌可能是星星点点，但几经过滤、沉淀，却时不时在记忆的长河里泛起闪耀的浪花。

怀旧，是深深的怀念，让你想念过去的朋友，渴望与他们重逢，毅然相信将来肯定会在某个时间和地点相见。

只要生命中曾经拥有一段相遇，尤其发生过撞击内心的故事，在分别后的人生中我们一定想念过对方，也会有牵挂，这注定了人生某个机缘的再次邂逅，把过去、现在的记忆系在一起，让曾经牵手的生命活起来，准备续写新的关于我们的传奇，这就是另一种情感——续旧。续旧，不是躺在梦里凝望，而是手拉手走在阳光里；续旧，是一种新生，是重新写一部不能舍弃、互相陪伴的动人故事。

茫茫人海，芸芸众生，能续旧的人要说的话不多，大部分永远消逝在过去，它们是抓不到的梦。能续旧的人，是我们生命中不能忘却的人。

续旧的人，希望聚在一起，相知相忆。

叙旧，它是由唠叨老掉牙的芝麻小事开始，去打开尘封的记忆，不断引出我们心底遗失的似曾忘却的故事。

叙旧里的追忆是如此清晰，仿佛昨天刚刚发生，它一直在时空转换，竟让我们忘记了时间。叙旧的状态是没有时间，没有距离，没有疲倦，也没有自己的感觉，一切的一切都是此时此刻的天人合一，如同一抹朝霞穿过轻纱般的氤氲，射进没有睡醒的森林。

这就是叙旧的境界，美得不能再美的体验，让我们沉醉得都不想醒来。然而，叙旧的美妙还能激发理性的力量，促使我们生命的成长。因为叙旧让我们知道过去的自己，在惊讶这种神奇穿越的同时，会让我们寻找到过去和现在的某些认同，在差别中发现亟待开发的生命潜能，甚而领悟到冥冥之中赋予自己的神圣使命。由此开始，我们会更加珍惜生命，活出真正的自己，仿佛生命注入活力强劲的新鲜血液，让我们豪情万丈，每一天都踏着轻快的步子"赶人生"。

叙旧让我们蜕变、成熟、凸显魅力，守望自己的使命，努力焕发生命的光彩。

叙旧的收获还有很多，它是一种缘分的延续，也是内心寻找精神家园的旅行。它让你寻找、发现生命的价值和意义，甚而还有一些从未有过的感情愉悦和启迪……

怀旧不常有，续旧等机会，然而叙旧却可以常发生。旧和新都是我们生命的流动，无论是正在流淌中，还是流过的地方，都是在释放我们生命的潜能，宣泄我们活着的激情，履行我们生命的使命。如果怀旧、续旧、叙旧可以称作念旧的话，那么念旧让我们珍惜过去生命走过的历程，它是我们生命的起源，是我们心灵成长的教科书。念旧是生命的情感，它是我们走向未来新旅程的起点，也是我们的乡愁，是我们滋养生命、寻找安全的精神家园。感恩生命曾经的历程，让我们不忘过去，不断成长，让我们的明天会走得更好。

为了自己生命的健康，也为了以后人生的美好，我们要给心灵一个空间，去怀旧、续旧和叙旧。

分别

我的家在东北松花江上，

那里有我的同胞，

……

哪年，哪月，

才能够回到我那可爱的故乡……

听到这首歌，我总会辛酸，痛哭流泪，因为我们离开了家，与父母亲人分开了。

分别是一种痛苦，好比身上的一块肉被挖掉了。那个地方始终缺一块，它有一种强

分别是痛苦的，也是一种失去，不是闭上眼睛就能逃避掉。

烈要找回那块肉然后让它重新补在那个地方的冲动。所以分别的痛是一种分开的痛、丢失的痛，也是一种寂寞的苦。那种寻找要团聚的力量是如此的大，我们称它为思念、想念或怀念。随着岁月的流逝，这种重合的力已成为虐杀我们内心的一把利剑。锋利的程度与岁月竞高低，它将我们内心的痛苦无限放大，也让蓄积的泪伤心地流干。

由于有记忆，分离的痛会时时袭上头。分别的记忆有多深，我们遭遇的伤痛也将会成倍地叠加，不仅危及生命，最终可能把柔弱的身躯击倒在地。

由于人有情感，任何东西一旦为我们所用，若时间长了，就会成为我们生命的一部分，所以人们喜欢收藏，也喜欢怀旧。结婚时，我们可能只有很少的东西，但生活几十年后，我们会发现家里关于衣食住行的东西积累了很多。虽然有许多旧了，没有用了，但我们又不舍丢掉，因为它身上有温暖的故事，有我们与它的情感。它们可能在别人眼里是无用的垃圾，但我们对它们视若家珍。如果万物有灵的话，我想它们是不想离开主人——我们的。若与我们分别，也就等于判了它们在这个世界上生命的死刑。所以背井离乡，我们会带上一张全家福，戴上妈妈给我们从她身上取下的首饰，甚而怀里会珍藏故乡的泥土……

还有一种分别是与人分开。孩子大了要外出工作与生活，搬家让我们与邻里朋友分开，外出征战的丈夫要与妻子分离，由于某种原因，厮守的恋人也要分离……这个人在你生命中的位置有多重要，与他分别的痛苦将会成倍地增长。对一个中年女人来说，失去丈夫是痛苦的，失去儿子那更是人生的不幸。不过，广义讲分别与丧失都是失去，如果细分还有细微的不同。分别是一种暂时的分离，那个人或东西还存在，只不过我们天各一方，可能会遥遥无期了。

丧失可能让我们痛苦一次，因为人有自我复原的能力，当地震来袭，我们会丧失家园与亲人，但我们还要往前看，还要继续活下去，时间会让我们坚强并从过去的阴霾中走出来。但是分别时却不时会想念，期盼见面，那种寻找、等待的焦虑会慢慢折磨我们，吞食我们的心，让我们深深地痛，甚而出现精神问题。

分别也有情感和思想上的区别。情感上的分别，就是我们通常说的分离，以后不能轻易见面，思念从此伴随我们。想见面、想拥抱与聊天，是我们内心抹不去的情感。当然，分别还有与我们喜欢的东西、钟爱的某些嗜好分开，它可以是宠物，可以是房子与衣着，也可以是一种习惯，它们给我们带来快乐，陪伴我们度过曾经的岁月，让我们免去许多孤独与寂寞。

思想上的分别对人的影响是因人而异的。有些人可能痛不欲生，抱着"宁为玉碎，不为瓦全"的想法而一死了之；许多人自我麻醉，过着行尸走肉的生活。当一个大时代结束时，以往狂热追求的却被认为是错的，甚而是被全盘否定的价值观，这会造成一大批人，尤其那个时代弄潮儿思想的混乱。

世界分分合合。人生则是不断的分别、丧失，最后只留下我们孤独的自己，永远陪伴我们的却是内心的真诚。为此，我们要在有生之年寻找并建立自己的精神家园，有它与真我的交流，有我们的嗜好，有我们的信仰，还有我们的……

筵席无不散，风情留有余。分别是我们人生的必然，有相聚的某一天，就会有分别的某一天。这是我们无能为力的，我们要活在当下，要学会放手。

是相欠，还是相见？

若无相欠，怎会相见？

无论遇见谁，他都是你生命中该出现的人。绝非偶然，他一定能教会你人生的某些东西！人生是一段旅程，离开一个地方，风景就不再属于你；错过一个人，那人便再与你无关。

人生没有掉馅饼的事。若无相欠，怎会相见？学会感恩，接纳与珍惜生命的任何相遇，人生的经历都是修行。

有人说：人生都是在寻找。我们都在寻找另一半缺失的东西，有了这些我们才会强大与安全。所以，在人生中，总有某些人吸引我们，走进我们的生活，与我们相伴，使我们的人生变得和谐与完整。然而，这段美好并非永恒，当彼此不依赖了，吸引的力量就会消减，甚至有了隔阂与矛盾。于是，人生的另一幕出现了，那就是分开，各走各的道了。

有些情况下，为了完成某种使命，我们与某个人不期而遇。很快，目标让彼此相识相知，相互依赖，互相帮助。在经历一段艰苦而开心的日子后，我们终于完成了这个任务。如果又有新的任务，我们可能会再奔赴新的战场。无奈，可能的结局是我们不得不分开。

然而，某个人可能会让我们伤心、想念，因为他曾给过我们生命中缺乏的东西，他身上有某些让我们生命之花绽放的营养。这可能就是冥冥之中的宿命吧！它顽固地在我们心里生长，呼唤我们去寻找！

既然是寻找，我们就会有得与失。实际上得到就是失去，失去可能就是我们意想不到的收获，所以我们应正确看待自己的放下与离开。

无论是哪一种离开，都会让人情绪波动，毕竟生命在这里停留，也在这里放歌，更播撒过我们的热情。

如果是负气离开，我们会难以抚平这抹不去的伤感。

如果是无奈的分离，我们有不能释怀的思念。

无论如何，如歌的岁月，我们都会有放不下的情感。在这种近也忧退亦忧的情愫中，我们不能轻松迈向新的人生，也阻碍我们向幸福出发。

人生是一段旅程，生命的列车始终前行，我们应如何轻松地前行，践行自己的使命呢？我想最响亮的一句话，那就是"学会放下"！

因为离开一个地方，风景就不再属于你了。对过去的风景，我们只能欣赏而不能拥有。无论人和事都是这样，离开了就要学会放下，开始新的人生。同样，错过一个人，那个人便与你无关，那只是你生命中的回眸一瞥。这些都是不属于你的。

总之，想得到的却不属于你，那就学会去欣赏；不想得到却陪着你，那就学会去发现值得你珍惜的东西。在急功近利的社会中，我们要心如止水，要放平自己躁动的心，静静享受人生的拥有与放下，让我们的内心由衷地感到快乐。

筵席无不散，风情留有余，离开与放下都不是生命的死亡，而是生命的接纳与新生。

与死亡同行

死亡是我们忌讳的话题。人生最大的失去就是死亡。

虽然人们尽可能远离它，但是它并不是不存在。学会思索死亡，让我们向死而生，这是一种积极的人生态度，它能让我们尽早面对生命的有限性。

死亡是生命的终结，不管如何呵护，我们都会走向死亡，只是不知道明天和意外哪一个先到。生命无常，我们好好珍惜生命，做有益于社会的事，认真活好每一天。

临近过年，家里让我去买一只鸡。我走了半个多小时的路，来到半山腰的一个养鸡场。我向老板娘说明来意，她让我去挑，我说不懂，你看着挑就行了。老板娘冲我大声笑了下，很快抓了一只公鸡，说这个行。

她说："公鸡要老的好，我这里有一年的和四个月的。"

"喂什么长大的？"我问。

"我的鸡都是喂玉米的，好多城里人都到我这里买。"老板娘见我有点犹豫，严肃地说，"这个是一年的，全城最好的了。"

我往邻近的有围栏的山坡上一看，八九只鸡在觅食，地上是撒落的玉米粒。后面有一个很大的山坡，有二十多只鸡，有的卧着晒太阳，有的追逐打架，还有的在走动。

鸡有饲料鸡和土鸡。土鸡都是原生态的，吃五谷，常自由跑动，但长得慢。虽然贵些，但肉质鲜美，还有嚼头。人们宁可多花些钱、多走些路，也要买到真正的土鸡。为了满足大家的需要，卖鸡的通常先买回小鸡，然后用农家的方法散养，这也就成了散养的土鸡了。当然，年头越长，土得越地道。然而，真正的土鸡，也就是从出生到长大都是原生态的是买不到的，养鸡的人都留给自家吃了。

这是一个大的鸡场，不同围栏里的鸡是不同月份的，一般最长的时间是一年的。随着月份的不同，价格略有区别。

鸡很快被杀了。

看了这只鸡，尤其是褪了皮的爪，突然想到它刚才还活蹦乱跳的样子，老板娘费了一些周折才捉到，这会已经生命全无，成为人们口中的美味。想到这，我脑子不停地回想这只鸡命运的变化，心中不由哀叹生命的无常，我内心也萌生淡淡的罪过和忧伤。

回到家后，这只鸡很快被丢进锅里卤了。

傍晚，我忽想有个奇怪的想法：地球是个大的生态循环，人也是这个食物链上的一环，生生相克又生生相依。在这个循环中，我们是强者也是弱者，没有一个生物永远占据强者的位置。也许，我们是人，无所不能，抱定人定胜天而自豪征服于地球，但是在许多肉眼看不到的微生物面前却束手无策。癌症、艾滋病，以及时不时流行的瘟疫，让人们诚惶诚恐，谈虎色变。有一次外出授课，有个学微生物的学生说我们生存在细菌中，人的大肠中有上千种细菌，有益的菌群维护着我们身心的健康，有些菌群的丧失会让人生命终结。她还说从微生物的角度，人的抑郁是与某些微生物的减少有关的。

说到这里，我联想到近几年几位好同事不幸的死亡，他们患癌症的较多，有一个是交通事故，他们都不足五十岁。我又想到，一个朋友说前两年驱车五个小时去看一个三十多年未见的战友。他是带着满满的期待和喜悦，结果一打听，那个人已经死四年了。他当时待了好久……

我不禁感慨生命的脆弱。死亡其实离我们很近，人什么时候也不要自大，为所欲为。从生态的角度，众生是平等的，也是相依相克的。当然，任何生命都是有限的，最终也都要走向死亡。为此，我们要敬畏生命，心存感恩。

一只鸡被宰杀了，它在不知不觉中死亡了，它会想到生命无常吗？

它或许不会，或许会，但我们是无法进入鸡的世界，与它们对话，倾听它们对自己命运的看法。

仿生学让人学会发明与创造，让人能上天入地，似乎无所不能。如果降低我们人的身份，与大自然生物链上任何一个物种相类比，我们才可以真正看清自己所谓的人生。

生命无常，不要自大，我们要懂得敬畏，要学会向死而生。人一旦失去生命，什么金钱、官位、声望也都消失了。平淡的生活也是一种美好，我们要好好活在当下。毕竟，我们每个人都要面对死亡，只是不知道明天或意外哪一个先来到。

温水煮青蛙

你知道吗？

青蛙在温水里，当水慢慢加热，直至沸腾，青蛙则蜷缩一团而被活活煮死，它竟没有一点挣扎、逃脱的跳动。

还有一个故事：一只螳螂被主人放在瓶子里，它不想被囚禁，不住地往外

我们受文化的影响是不由自主的。

跳。当瓶口盖上盖子，它跳了几次，都被盖子阻挡了。久而久之，他就不跳了，即使盖子打开了，它也静静地待在瓶底，直至死亡。这就是青蛙和螳螂的一生，它们的结果让我们唏嘘不已，很是痛心。想想看，如果这是我们人生的一个缩影，你一定要极力告诫自己：一定不要这样活，要不断奋斗，只要一息尚存，就要逃离这种"死亡"。

这是一种怎样的死亡呢？是一种人未死前心已死的死亡？还是我们不知道的慢性自杀？

你知道吗？所有的这些变故全在于我们的思想，它在于被一个种惯性思维濡化，在于我们不知不觉地适应。这一种极其可怕的力量，像温水煮青蛙，如瓶中等死的螳螂一样，会让生命在不知不觉中死亡。

仔细思考这些方式，从穿越历史的反思中，我们不难发现还有下面几种让思想遭遇死亡的影响。

习惯化。到一个地方，一开始什么都觉得不适应，过不了多久，我们见怪不怪，接纳了生活中的一切，并下意识地放下自我，努力去模仿周围，俨然和周围浑然一体。于是我们的思想就成了周围环境的奴隶，我们关注的东西以及价值的追求都与周围环境保持一致了。我们开始没有了自己的思想与个性，也没有了生活的激情和锐气。在日复一日、年复一年的岁月中，我们在等死，在一点点耗尽我们的生命。

成熟化。一出生，我们无所畏惧，正如初生牛犊不怕虎一般。随着长大，我们不断接受社会规范以及行业规则的制约。这个不断改变自己，努力适应外界的过程就是社会化，也是在成熟化。成熟使我们的思想、言行合乎规范，像大多数人一样。同时，我们也失去了自我，缺乏创新，日渐守旧。要不了多久，我们就会觉得自身的优势在消失，慢慢退出社会舞台，有种被社会抛弃的失落感。

不读书看报。读书看报是关心外界的变化，是内心有问题想寻找答案，也是想谋求自己人生的新变化。如果不读书看报，那是不思进取，满足于现实，这时内心已向命运投降，认同顺其自然，也是压抑或麻醉自己的写照。不读书看报表明我们内心没有激情和冲突，懒得去获得智慧的提升与自我的成长。

不外出旅行。古人曰：读万卷书，行万里路。人的学习有两种途径，一是向书本，二是向社会。对生命的成长而言，亲历的学习是最重要的学习。如果懒得旅行或看外界，那表明你对人生已没有了好奇与探究，对自己未来乃至当下的人生也没有了什么新的期待，你在拒绝成长、拒绝新生活。

不与往日的朋友联系。不与朋友联系，表明自己的思想已失去活力，不需外界的滋养。不与朋友联系，还表明不想做事，尤其不想做大的事，所以不需要朋友的帮助了。不与往日的朋友联系，表明自己没有了情感，对生活已产生了麻木，对人间的真情产生了可怕的冷漠，似乎是对现实生活的逃避与摆脱。

活在自己的世界里。世界是运动变化的，人类文明的发展就是在与自然的互动与斗争中。同样，个体的成长也就是不断完成人生课题，达到与外界的适应。发展就是与时俱进，就是走出自我，融入充满活力与挑战的现实生活中。如果我们无视外面的世界，而在自己的世界里故步自封，那么我们可能会消极厌世，看破红尘，真如井底之蛙，没有了梦想和希望。

……

上面谈论的几种让我们思想僵化、守旧的方式，已如温水煮青蛙一般，会慢慢让我们的思想因缺乏活力而死亡。

呜呼！这种思想的死亡是慢性的，会让我们慢慢中毒，通常是在不知不觉中死去。这是一种可怕的死亡，那无形的杀手就是我们的习惯、成熟化，尤其是那颗享受封闭的安逸的心。

死亡

死亡，这是一个让人们忌讳的字眼。虽然人们极力回避死亡，但又不得不面临，因为死亡是我们生命的一部分，是生命的归宿。

死亡的必然性。我们期望生命的活力保持不变，怀着生命永恒的信仰。然而，这种信仰遭遇现实时就让我们无能为力，这就是我们必须接受的生命有限性。无论我们如何注重自己的健康，如何筹划我们的生活，死亡都会不期而至。虽然年轻时可能不思考这个问题，但随着年龄增加，即使我们把身体呵护得再好，或

死亡是人生的终结，也是一种新生。死亡是人生完全的丧失，珍惜有限的生活，好好活在当下。

者没有遇到其他威胁，衰老还会悄然而至，疾病与死亡也会随之找上我们，甚而夺走我们的生命。死亡的必然性让我们感到几许无奈与卑微。

生命的不确定性。万物都是短暂无常的，人的生命也是这样。虽然人的生命力很顽强，可以在地球上任何地方生存下来，甚至上天入地，同时，人的生命也很脆弱，任何意外的因素都可能击垮我们的身躯，从而让我们失去宝贵的生命。我们一方面无所不能，另一方面却又异常脆弱。在多变的当今社会，在不断变迁的生活中，我们遭遇的危险因素将会越来越多，所以我们不得不面临死亡的威胁，它让我们对未来充满担忧与恐惧。不知道明天和意外哪一个先来到，这就是生命的无常与不确定性。

死亡意味着完全失去。人的欲望是无限的，我们只想得到，却不考虑失去。然而，当失去心爱的东西，我们就会万分痛苦，似乎没有了生存的意义。比如，与我们朝夕相处的父母、恋人、爱子或其他朋友，他们的死亡，仿佛掏空了我们的一切，让我们绝望，痛不欲生。然而，我们并非变得一文不值，实际上，我们还有生命，还能实实在在地活着。而我们自己一旦遭遇死亡，就真的是一无所有了。只有活着，所有的财富、金钱才有意义，如果失去了生命，所有的名利也都将成为

泡影。

死亡并非都是消极的，反思死亡或濒死体验，这些活动都能滋养我们的精神，让我们的生命获得永恒的超越。林普奇说："反思死亡的目的是在你的心灵深处产生根本的变化。"让我们"真正睁眼看我们对自己的生活所做的事情"。它使我们为当下活着，欣赏当前拥有的每件事物，也让我们放下执着。正如威廉·布莱克所说："把快乐抓住不放的人，损害的是飞逝而过的生活。"面对生命的短暂，我们将能发现一种更深层的心智，这也就是我们生命的真正本质。人们若能站在死亡的角度思考人生，从而能使我们获得生命的永恒。

死亡有与生命诞生一样的价值，所有的死亡都是不平凡的，也给我们人生不一样的意义。认识死亡，能让我们更加理解生命，也放下对死亡的恐惧，以一种"经营生命的"全新观念生活。死亡启迪我们，我们不是活在单纯的当下，也不是奢望美好的未来，我们应该是以逍遥的姿态活在自己的精神世界里。如果人生如此这般的话，那么无论现实如何残酷，也不管未来多么不确定，我们都将能活得快乐与激情澎湃。

后记：读书与写作

无论任何人，不管做何种工作，都要抽出一定的时间和精力阅读和写作。

在繁忙的工作之余，翻翻报刊，看看杂志，细心读一本小说或一篇关于人生百味的文章，这既丰富我们人生的阅历，又促进我们人格的成熟。无疑，这是一种非常必要而有益身心的健康活动。因为书上涉及的人物、思想、事件都会引发我们的思考、领悟，如同与一位智者进行心与心的交流，这是不可多得的美的享受。在人生的某个时刻，我们静静地独处，无论阅读还是冥想、写作，会让我们心

如果我在泛舟，那么读书是我的家，写作是我的船。我的生命有可栖息的屋舍，有可游历的舟。此生足矣。

灵宁静，看问题更加睿智。这是我们的精神生活，不能认为它是可有可无的，因为它能滋养我们的心灵，修复内心的伤痛，提升自我存在的价值，所以，我们要阅读、思考和写作。不过，我们阅读的这些报刊和书，一定是自己感兴趣的，一看到标题文字或头几行就能打动我们的，能让我们用心地读

下去的。由于是受兴趣的驱使，这些阅读的内容一定会激发我们整个身心的活动。当我们聚精会神地读进去，汲取所有的营养，释放我们对生活所有的激情，这种身心的愉悦和收获是无与伦比的，它会让我们情感上有完美的体验，使我们情不自禁地拿笔写下来，这就是写作。

我们的感悟以及思考的结果诉诸笔端记载下来，这是我们内心接纳某种观点并获得的一种认同。凡是思想活动，只有用文字表达并记录下来，也就是经过我们的咀嚼，才能内化为自己的思想，进而影响我们的生活方式。这是阅读后获得的最大价值，否则只是纸上谈兵，很快就会遗忘。

写作的益处远非如此，写作还能促使我们对问题进行多方位的思考。凡是内心有体验又有感触的内容，由于对它们的思考都属于内心的活动，具有模糊性、简洁性和主观性，所以有些想法和体验可能是不清楚的，甚至不合乎逻辑，存在着狭隘偏颇之处。事随境迁，这些思考的东西可能会很快模糊，甚至忘掉，或被其他更为刺激兴奋的事挤出我们的头脑。然而，如果我们能静下来，反观内心，重温一遍这些感受和想法，然后用清晰、准确的文字表述出来，这类似牛吃草要反刍一样。不用说，只有这样细细咀嚼，我们才能摄取所读文字材料的最大营养，维持自身心灵的健康。不言而喻，只有经过一番缜密的深思，然后逻辑化地予以表述，把内在的东西痛快地写出来，才会有益于我们身心发展。因为这种多方位的比较、分析和综合，能使我们内心的体验和感触更为清晰、具体。如果再经过整理并表述出来，就会纳入我们的价值体系之中，成为我们血肉和生命的一部分。显然，经过自我说服的东西，由于言之有理而记得牢，会对我们的行为方式乃至人生发生作用，因此最终将促进人格的成熟。

写作能让我们多方位地思考，不但明白某些观念，还可能激发出一连串我们不明白的新问题。这会促进我们继续阅读寻找答案，或留意生活中可以让人产生领悟的事件，使我们养成打破砂锅问到底的探索精神，做生活的有心人。

想想看，一个有责任心的人一定会对生活充满热情，珍惜自己的生命，也会认真对待学习、工作和生活。这样的人爱学习、勤思考、努力做事，他就像是一颗星星，走到哪里都会点亮周围的人，成为我们生活的导师，积极影响与他相遇的任何一个人。

有了阅读与写作，就会促使我们不断地学习和思考。从此，生活不再是单调的重复而是充满激情的创造，我们的精神世界也会不断地得到提升，进一步激发我们对自我、对未来的探索和追寻的热情。

怀着这样的生活态度，工作之余，我见缝插针写下一篇篇文章，记录下生活中让我感动的事，写下我对生活的思考。这些文字曾滋养着我的心灵，丰富着我的精神生活，帮助我克服人生中遭遇的困难，促使我一步步成长。

今天，我把这些思想的轨迹拿出来与你分享，希望我们一同认识人生的喜与悲、得到与失去，努力把握自己的命运，以后的人生少一些困惑，多一些坚守，每一天都充满温馨、快乐与祥和。

……

最能打动人的是真诚，书中的观点是我内心的感悟，希望得到你的关注，也希望获得你的认同，更希望得到你的真诚回应。无论是建议还是指导，都是我生命中宝贵的财富。

茫茫人海，感谢与你相识。

人生邂逅，感谢你的分享。

千里有缘，感恩一同成长。

宋兴川

2019 年 12 月浙江丽水